Von Görlitz nach Jerusalem – Günther Friedländer (1902-1975)

Düsseldorfer Schriften zur Pharmazie- und Naturwissenschaftsgeschichte

Herausgegeben von Frank Leimkugel

Band 2

PETER LANG

Frankfurt am Main · Berlin · Bern · Bruxelles · New York · Oxford · Wien

Nomi Eshhar / Nurit Ashkenazi

Von Görlitz nach Jerusalem – Günther Friedländer (1902-1975)

Pionier der Pharmazie und Gründer des Pharma-Konzerns TEVA in Jerusalem/Israel

Übersetzt und bearbeitet von Inka Arroyo Antezana

PETER LANG
Internationaler Verlag der Wissenschaften

Bibliografische Information der Deutschen Nationalbibliothek
Die Deutsche Nationalbibliothek verzeichnet diese Publikation in der Deutschen Nationalbibliografie; detaillierte bibliografische Daten sind im Internet über http://dnb.d-nb.de abrufbar.

Gedruckt auf alterungsbeständigem,
säurefreiem Papier.

ISSN 1867-075X
ISBN 978-3-631-63427-1

www.peterlang.de

Gewidmet Günther Friedländer, dem Gründer von „TEVA“ Jerusalem,
gegründet im Jahr 1935

Zum Gedenken an meinen Vater Günther Friedländer

Danksagung

Mein Dank gilt allen, die sich zu Interviews bereit erklärt haben und Material zur Verfügung gestellt haben: Meiner Schwester Ruthi Bikson, Professor Nachum Gross, Shlomit Avivi, Shoshi Freund, Lea Baki, Gad Lior und Shulamit Globus – die Kinder Arthur Lichtensteins, Malka Raviv, Gabriel Schutz, Baruch Shogul, Eli Raz und den Alteingesessenen des Kibbuz En Gedi. Besonderer Dank geht an Professor Alex Levitzki, der mich ermutigte, die Lebensgeschichte meines Vaters Dr. Günther Friedländer zu schreiben und zu veröffentlichen. Weiterer Dank gebührt Shoni Ashkenasi, der das Manuskript gelesen hat und wertvolle Anregungen gab. Ishai Sfarim habe ich für die wunderbare Idee zu danken, dem Buch den Titel „Abba Teva", „Vater Natur" zu geben.

Ich danke Marianne Degginer, die es auf sich nahm, die auf Deutsch verfassten Geschichten meines Vaters aus der deutschen Handschrift zu transliterieren, sowie Gisela Friedländer und Alisa Siwan für die Übersetzung der Geschichten meines Vaters und anderer Texte ins Hebräische, die in die hebräische Originalausgabe eingingen. Schließlich gilt mein Dank Privatdozent Frank Leimkugel, Professor Wolf-Dieter Müller Jahncke, Philip Leimkugel und Melanie Leimkugel für ihre aufmerksame Lektüre der deutschen Fassung und ihre wertvollen Hinweise sowie meiner Übersetzerin Inka Arroyo Antezana, die dieses Buch ins Deutsche übertragen und sorgfältig überarbeitet hat.

Inhalt

Vorwort des Herausgebers

Bei vorliegender Studie zu Leben und Werk des schlesischen Apothekers Günther Friedländer handelt es sich nicht um eine pharmaziehistorische Promotion, für welche die Reihe „Düsseldorfer Schriften zur Pharmazie- und Naturwissenschaftsgeschichte“ ursprünglich gegründet wurde. Diese Ergobiographie ist die Lebensbeschreibung eines deutsch-israelischen Pharmazeuten aus einer besonderen Perspektive, derjenigen der Tochter. Nomi Eshhar wurde 1946 im britischen Mandatsgebiet Palästina geboren. Sie wuchs in einer Zeit des Umbruchs auf. Israel entwickelte sich nach der Staatsgründung 1948 rasant, mithin auch seine pharmazeutische Industrie, die vor dem Befreiungskrieg auch in arabische Nachbarstaaten exportiert hatte. Erst ab dem Jahr 1953 konnte die israelische Pharmazie an der Hebräischen Universität Jerusalem unter dem Dach der Medizin eine eigene akademische Ausbildungsstätte vorweisen.

Während in der israelischen Politik die „Jeckes“, die aus dem deutschsprachigen Raum stammenden Einwanderer, nur geringen Einfluss erlangten, muss in den Bereichen Kultur, Erziehung, Justiz, Wirtschaft und vor allem in den medizinischen und pharmazeutischen Wissenschaften das Gegenteil konstatiert werden. Insbesondere Pharmazeuten aus Deutschland und Österreich bemühten sich, die Offizin-, Verwaltungs- und Industriepharmazie des jungen Staates strukturell, inhaltlich und qualitativ europäischen Standards anzupassen. Auch die Gründung des Studienganges Pharmazie wurde vornehmlich von deutschsprachigen Apothekern ins Werk gesetzt. Beeinflusst wurde dieser Prozess durch die mitteleuropäische Ausbildung der Protagonisten – hier muss also von einem Wissenstransfer gesprochen werden – sowie die gesetzlichen Vorschriften der ehemaligen Mandatsmacht Palästina (sie konnte ja eigentlich nichts mehr vorschreiben, aber man hat es aus pragmatischen Gründen übernommen)

Einer der Pioniere israelischer Industriepharmazie ist Günther Friedländer. Der aus Oberschlesien stammende Zionist war nicht erst infolge des Nationalsozialismus zur Überzeugung gelangt, für das jüdische Volk müsse ein eigener Staat geschaffen werden. Friedländer wollte von jeher mit seinem pharmazeutischen Fachwissen einen wesentlichen Beitrag zum Aufbau der dortigen pharmazeutischen Industrie leisten. Den Zeitpunkt seiner Auswanderung bestimmten allerdings die Ereignisse vom 1. April 1933 und die vorangegangenen Tage. In Görlitz, wo er die Apotheke seines im Ersten Weltkrieg gefallenen Onkels übernommen hatte, wurde antisemitische Propaganda auf die Straßen getragen und etliche angesehene jüdische Bürger – unter ihnen Friedländers Schwiegervater Paul Mühsam – waren demütigenden Kurzzeitinhaftierungen ausgesetzt.

Nomi Eshhar, die der Herausgeber vor 25 Jahren bei den Recherchen zum Dissertationsthema „Wege und Schicksal jüdischer Apotheker deutscher Muttersprache“ kennen lernte, erlebte ihren Vater aus der Sicht eines Kindes, das nicht immer Verständnis für die Prioritäten des Vaters, seine deutsche Gründlichkeit, Korrektheit, aber auch Strenge, hatte.

Sie studierte in Jerusalem Pharmazie und promovierte am Weizmann-Institut, Rechovot. Noch vor dem Ende ihrer Ausbildung, im Alter von 22 Jahren, musste Nomi mit ansehen, wie ihr Vater infolge der feindlichen Übernahme seines Lebenswerkes, des Pharmakonzerns „Teva“, einen Schlaganfall erlitt, von dem er sich nicht mehr erholte. In den folgenden Jahrzehnten bis zur Gegenwart schmerzte sie der geschichtsvergessene Umgang der „Teva“ mit den eigenen Anfängen. Die Firmenleitung strich die „jeckischen“ Wurzeln sowie den Namen Günther Friedländer aus der Firmenhistorie.

Dieses Buch würdigt den Menschen Günther Friedländer aus familiärer Sicht und rückt seine in doppeltem Sinne pharmazie-historische Leistung für Erez Israel ins rechte Licht.

Der Herausgeber freut sich, Nomi Eshhar von der Sinnhaftigkeit einer deutschen Übersetzung überzeugt zu haben und dankt ihr, des weiteren Inka Arroyo Antezana für die hervorragende Übersetzung und einfühlsame Bearbeitung sowie Wolf-Dieter Müller-Jahncke für die Durchsicht.

Frank Leimkugel, im Frühjahr 2012

Vorwort zur deutschen Ausgabe

Der Lebensweg von Günther Friedländer, einem Pionier der pharmazeutischen Industrie in Israel und Gründer des Pharmakonzerns TEVA, nimmt seinen Ausgangspunkt in Deutschland. Dies war nicht nur sein Geburtsland und das Land seiner Jugend; Friedländer erwarb seine umfassende akademische Ausbildung (Pharmazie und Lebensmittelchemie) in Deutschland sowie der Schweiz und saugte auf diese Weise die einzigartige deutsche Kultur über 33 Jahre hinweg in sich auf. Bereits in seiner Jugend bemühte sich der junge Günther, die Verwirklichung seines Traumes voranzutreiben, ein pharmazeutisches Unternehmen mit dem Namen Teva (hebr. Natur) zu gründen. Es war sein Anliegen, der Menschheit mittels natürlicher Produkte zu helfen, er wollte Arzneimittel herstellen, deren Wirkstoffe aus Pflanzen und Mineralien stammten, die in Palästina/Israel wuchsen und zu finden waren.

Friedländer war ein Mann mit Visionen und überdies ein glühender Zionist. Bereits als Gymnasiast des „Königlichen Gymnasiums" im oberschlesischen Ratibor trat er der zionistischen Blau-Weiß-Bewegung bei, späterhin der zionistischen Bewegung. Er absolvierte sein Pharmaziestudium in Breslau und seine Promotionsstudien unter der Betreuung des Pharmakognosten Alexander Tschirch in Bern. Danach kehrte er ins Pharmazeutische Laboratorium nach Breslau zurück. Später folgte er einem Ruf seiner Tante Else Kober, die Kronen-Apotheke seines im Ersten Weltkrieg gefallenen Onkels Dr. Max Kober zu übernehmen. Bereits früh erkannte Friedländer die Notwendigkeit, Deutschland zu verlassen und bereitete seit den späten 1920er und früher 1930er Jahren seine Emigration nach Palästina vor, um seine Pläne dort umzusetzen. Von dem Moment seiner Emigration bis zu seinem Tod 1975 blieb Friedländer stets seiner deutschen Herkunft und Kultur verbunden.

Die Lebensgeschichte von Dr. Günther Friedländer ist gleichzeitig die Geschichte einer erstaunlichen und einzigartigen Epoche. Sein Beitrag zur Entwicklung der Pharmazeutischen Industrie in Israel, seine Pionierarbeit bei der Entwicklung und Synthese vieler neuer Arzneistoffe, all dies ist Thema meines Buches.

Ohne Zweifel hat die Shoah für viele weitere Jahrzehnte ein starkes und tragisches Band zwischen deutschen Juden und Deutschland geschaffen, das beide Nationen dazu anhielt, Fragen der Identität sowohl für die Vergangenheit als auch in der Gegenwart neu zu beleuchten. Dieses starke und unauflösliche Band hat mich veranlasst, die Lebensgeschichte meines Vaters auch dem deutschen Volk zu erzählen. Aus diesem Grunde wurde mein Buch „Abba Teva“ aus dem Hebräischen zunächst ins Deutsche übersetzt.

Die Geschichte der Pharmazie erfährt gegenwärtig viel Aufmerksamkeit in der deutschen “scientific community”. Einer der bekanntesten Vertreter dieses Faches ist Privatdozent Dr. Frank Leimkugel. Ich hatte das Glück, ihn vor mehr als 20 Jahren in Jerusalem zu treffen, als er ein Forschungsprojekt über jüdische Apotheker bearbeitete, die von Deutschland nach Palästina/Israel emigriert waren. Diese Bekanntschaft hat mir die Notwendigkeit verdeutlicht, mein Buch dem deutschen Publikum nahe zu bringen.

Dieses Buch richtet sich an jeden Leser in Deutschland, insbesondere an solche, die an Pharmazie- und Naturwissenschaftsgeschichte sowie Medizingeschichte interessiert sind.

Möge die Lektüre meines Buches die Identität und Charakteristika der deutschen Juden erhellen, ihren Beitrag zum Wohle der Menschheit beleuchten und das Band zwischen Deutschland und Israel stärken.

Nomi Eshhar, Rehovot/Israel

Günther Friedländer

Den Vater neu kennenlernen

Mehrere Generationen sind seit dem Tod meines Vaters vergangen, bis meine Entscheidung Früchte trug, seine Lebensgeschichte zu schreiben und zu veröffentlichen. Jahrelang hegte ich diesen Plan, überlegte hin und her, fand jedoch keine Zeit, um die besondere Geschichte seines Lebens zu erzählen. Viel Zeit musste vergehen, bis ich mich vom Anblick seines Zusammensbruchs angesichts des Hirnschlags erholt hatte, der ihn ereilte, als man ihm mitteilte, dass sein Lebenswerk verkauft worden war. Ich stand damals kurz vor der Niederkunft mit meinen erstgeborenen Zwillingen.

Nun ist die Zeit gekommen.

Ich war die jüngste Tochter meiner bejahrten Eltern – die Frucht einer Verbindung, die für beide die zweite Ehe war. Mein Vater war fast 45 Jahre alt, erprobt in Fehlschlägen und Mühsal, körperlich nicht gesund, aber jung im Geiste, energetisch und sehr kreativ, aktiv, neugierig und lebhaft. Obgleich ich ihn und seine Aktivitäten recht gut kannte, waren mir sein Leben und seine Motivationen in vielerlei Hinsicht ein Rätsel. Ich wusste, dass ich dieses Rätsel eines Tages würde lösen wollen und dass mir die Pflicht obliegt, seine Geschichte zu veröffentlichen und dafür Sorge zu tragen, dass er im Pantheon der Persönlichkeiten des Staates Israel seinen angemessenen Platz erhält.

Zu seinen Verdiensten gehören die Entwicklung der pharmazeutischen Industrie in Jerusalem und Israel, das Ausschöpfen der natürlichen Resourcen des Landes als Rohmaterial dieser Industrie sowie die Entwicklung der pharmazeutischen Berufe im Staat Israel. Außerdem setzte er sich für die Integration von Neueinwanderern sowie für das berufliche und persönliche Fortkommen vieler seiner Angestellten ein.

Mein Vater war, gelinde gesagt, kein einfacher Mann. Oft war er mürrisch, aufbrausend, ungeduldig und extrem sparsam, zugleich aber war er sehr väterlich: Er war besorgt um das Auskommen seiner Angestellten und ihrer Familien, interessierte sich für ihre persönlichen Probleme und spornte sie an, sich beruflich weiterzuentwickeln.

Während ich die Interviews führte, war es nicht immer einfach, von den Leuten die ihn kannten und mit ihm gearbeitet hatten, all die Geschichten über seinen schwierigen Charakter zu hören. Ich hatte diese Eigenschaften auch zu Hause kennengelernt: die eiserne Disziplin, die übertriebene Sorge und die Verbote, an sozialen Aktivitäten mit Gleichaltrigen teilzunehmen, die später als acht Uhr abends endeten. Noch heute erinnere ich mich an die Lagerfeuer Picknicks in dem kleinen Wäldchen neben unserem Haus und dass ich um zehn vor Acht aufstehen musste und gezwungen war, der fröhlichen um das Feuer versammelte Runde auf Wiedersehen zu sagen, um dann voller Wut auf meinen Vater nach Hause zurückzukehren, der mir verboten hatte, so früh am Abend noch außer Haus zu sein. Bis heute erinnere ich, dass ich mit einem zornigen Gesicht nach Hause kam und sehr böse auf meine Eltern war, diese strengen besorgten Jeckes[1], die am Fenster saßen und von weitem das Lagerfeuer beobachteten, an dem das turbulente soziale Leben weiterging. Alle meine Freunde waren dort und nur ich musste allein zu Hause sein, ich beneidetete sie, denn ihre jungen Eltern erlaubten ihnen, bis spät in die Nacht zusammenzusitzen.

Jahre nach dem Tod meines Vaters fand ich eine Kladde, die mit lateinischen Buchstaben in Sütterlin beschrieben war. Das war die feingestochene Handschrift, in der Vater seit seinem 15. Lebensjahr und bis in die Jahre als Student der Pharmazie in Breslau heimlich seine Gedichte, Geschichten und Theaterstücke schrieb, die vom Schicksal des jüdischen Volkes handeln und in denen er Dinge voraussah, lange bevor sie sich ereigneten. Er hütete die Kladde wie seinen Augapfel, sie begleitete ihn viele Jahre und erlebte einige Umwälzungen seines Lebens. Der Inhalt dieser Geschichten interessierte mich und einige sind in dieses Buch eingegangen. Die Geschichten erzählen von seiner Sensibilität für soziale Belange, von seiner umfassenden Bildung, von seinen Werten und seiner reichen inneren Welt. Diese Fähigkeit, seine innere Welt mit der praktischen zionistischen Arbeit beim Aufbau von Erez Israel[2] zu verbinden, indem er Medikamente entwickelte und produzierte, nahmen mir Herz und Phantasie gefangen und verzauberten mich. Ich musste unbedingt das Rätsel seines Lebens lösen und hoffe, dass es mir gelungen ist.

Während der Arbeitsprozess zum Werden des Buches fortschritt – wir führten Recherchen durch, trafen Menschen, die ihn gekannt und in seiner Firma gearbeitet hatten, und wir sahen verschiedene Dokumente durch – löste das Rätsel

---

1 Jecke ist eine spöttische Bezeichnung für die aus dem deutschen Sprachraum stammenden Juden, die von Juden aus Osteuropa geprägt wurde, um deutsche, österreichische und Schweizer Juden unter dem Gesichtspunkt ihrer Prägung durch deutsche Kultur zu charakterisieren. Die Bezeichnung „Jecke" wurde und wird auch im heutigen Israel mit Überheblichkeit, übertriebener Korrektheit und Gründlichkeit assoziiert. Von den „Jeckes" selbst wurde sie teils als Beleidigung abgelehnt, teils als freundlich anerkennend gemeinter Spott geduldet und später auch als mehr oder minder ironische Selbstbezeichnung übernommen. Die oft genannte Ableitung der Wortes „Jecke" von dem deutschen Wort „Jacke" ist etymologisch nicht gesichert und eher als folkloristische Deutung zu nehmen [Anm. der Übers.].

2 Hebr. wörtlich: „Land Israel" im nichtstaatlichen, jüdisch-biblischen Sinn.

sich allmählich auf und das Bild seines Lebens nahm Gestalt an. Ich lernte meinen Vater neu kennen und diese Bekanntschaft verstärkte meine unstillbare Neugierde, ich wollte noch mehr wissen, noch mehr erfahren. Langsam vervollständigten sich die Bausteine, bis schließlich ein fertiges Puzzle vor uns lag, ein komplexes, umfassendes Bild, das von der flüchtigen Notiz bis zum wichtigen Dokument alles enthielt, das die Lebensgeschichte meines Vaters erzählt: die Geschichte von Dr. Günther Friedländer, einem weitblickenden Mann, der im Jahr 1935 in Jerusalem das TEVA-Unternehmen gründete.

Das erste große Ziel meines Vaters war Jerusalem. Die Stadt zog ihn magnetisch an, dorthin sehnte und wünschte er sich, darüber schrieb er. Als die Nationalsozialisten in Deutschland die Macht übernahmen, setzte er sein Sehnen in die Tat um und kam nach Jerusalem. Dort errichtete er sein Lebenswerk – TEVA, dort baute er sein Haus und dort starb er auch. In bester Stimmung kam er in Jerusalem an und half Juden, nach Erez Israel zu kommen – in seinen Augen der einzige Ort, an dem Juden sicher leben und sich entfalten können. Er leistete Pionierarbeit, indem er einen Industriezweig in Jerusalem begründete, Arbeitsplätze für die Bevölkerung der Stadt schuf und zu ihrer wirtschaftlichen Entwicklung beitrug. Er war aktives Mitglied in der Vereinigung der Israelis deutscher und mitteleuropäischer Herkunft, er war Vorsitzender der Gründungskommission zur Errichtung der Schule für Pharmazie an der Hebräischen Universität in Jerusalem, er entwickelte Medikamente in Kooperation mit der Hebräischen Universität und dem Weizmann-Institut, und schuf schmerzlindernde und lebensrettende Präparate. Er half Neueinwanderern und vielen anderen, ihre Ziele zu verwirklichen, einen Beruf zu erlernen, sich weiterzuentwickeln und ihr Leben aufzubauen. Es gelang ihm, Begabungen und Talente bei den Mitarbeitern seines Unternehmens zu erkennen und zu fördern und sie zum Aufbau professioneller Karrieren anzuspornen.

Nachdem sein Lebenswerk TEVA vom Assia-Zori-Konzern übernommen worden war, fiel mein Vater in eine tiefe Depression und erkrankte. Diese Entmachtung konnte er nicht verwinden. Viele Male überstand er Krisensituationen, die unlösbar erschienen, indem er Einfallsreichtum bewies, und es hatte stets funktioniert. Er fand immer eine Lösung und dann es ging weiter. Auch dieses Mal hatte er bis zum letzten Augenblick gekämpft, aber seine Zeit schien abgelaufen zu sein und er gab der Krankheit nach. Während seiner Krankheit, als die Zeit so unerwartet zu seiner Verfügung stand, prüfte er sein Leben und ließ die Entwicklung der Ereignisse wieder und wieder vor seinem geistigen Auge Revue passieren. Im Angesicht des Todes hatte er seinen Frieden gefunden und sah, dass es ihm geglückt war, seinen Traum und seine Bestimmung zu verwirklichen.

Obgleich sein Lebenswerk gegen seinen Willen veräußert wurde und in die Hände seiner Konkurrenten fiel, stellt sich die Frage: Warum war das Unternehmen so begehrt? Die Antwort liegt darin begründet, dass das Unternehmen ein Vermächtnis hatte, über einen guten Ruf und Produkte sowie über menschliches Kapital in Form von ausgebildeteten und begabten Mitarbeitern verfügte, Absatzmärkte besaß, an der israelischen Börse vertreten war und dergleichen mehr.

In den letzten sieben Jahren seines Lebens, soweit es ihm noch möglich war, wanderte er zu Fuß auf seinen Stock gestützt und bewaffnet mit seiner Kamera. Wie in seinen Jugendjahren fotografierte er Landschaften und Menschen. Die letzten Aufnahmen machte er bei einem Besuch in der Holocaust-Gedenkstätte Yad Vashem mit seiner zweiten Frau Johanna. Sie fotografierten sich gegenseitig neben „der Halle der Erinnerung" und Günther fotografierte die Säule des Heldentums – das Symbol der tiefen Verbundenheit mit dem Schicksal des jüdischen Volkes.

Als er sich wiederholt sein Leben vergegenwärtigte, fragte er sich: „Warum geschahen die Dinge, wie sie geschahen? Habe ich richtig gehandelt? War es notwendig, das Unternehmen weiter zu leiten, auch nachdem es verkauft war? Warum habe ich niemanden ausgebildet, der im Unternehmen geblieben wäre und mir in den schweren Stunden zur Seite gestanden hätte? Warum habe ich nicht meine Familie eingesetzt, damit sie das Unternehmen weiterführt?" Er wusste, dass er ein Idealist war, ein schwieriger Mensch. Vielleicht waren es diese schwierigen Charakterzüge, die ihm halfen, Hindernisse selbst zu überwinden und als Menschenfreund die Ziele seines Lebens zu verwirklichen?

Über sich selbst sagte er ironisch:

> „Ich komme mir oft selbst vor wie ein gemischtes pharmazeutisches Präparat, bestehend aus dem alten Jecken, dem ewigen Akshan[3], ein Schuss Fachmann und ein unverbesserlicher Zionist. Dieser sagt seinen Dank an alle, die mitgingen (Nichtgenannte mögen verzeihen), oder noch mitgehen werden – zu neuen Erfolgen, getreu meinem Leitsatz (gestohlen bei Goethe): er rennt der Mensch, es fliehet vor ihm das bewegliche Ziel!"[4]

Günther Friedländer starb am 25. Mai 1975 in Jerusalem und liegt dort begraben. Als sich im Mai 1985 sein zehnter Todestag jährte, spendete Dr. Kurt Grunwald – sein Cousin und Freund seit seiner Jugend, sowie Teilhaber und Vorstandsmitglied des TEVA-Unternehmens – der Hebräischen Universität in Jerusalem eine Million Shekel zugunsten des Günther-Friedländer-Stipendiums für Studenten.

---

3 Akshan (hebr.), ein sturer Mensch, Dickkopf [Anm. der Übers.].

4 CZA, AK462/3, Sammlung Günther Friedländer, Autobiographischer Abriss, S.3 f., geschrieben auf Anforderung des *Israel Export Annual* March 1968, in welchem im selben Jahr ein Artikel über Friedländer und TEVA erschien.

Das Erbe der deutschen Juden war tief in der Seele meines Vaters verankert und drückte sich in vielerlei Hinsicht aus: Gründlichkeit, schwere Arbeit auch mit den Händen, Genauigkeit, Pedanterie, Disziplin, Ehrgeiz zur Perfektion und Spitzenleistung, Sinn für Innovation und Entwicklung, profundes Wissen und engagierte Teilnahme an Kultur und Bildung. Diese Prinzipien hat Vater bei seinem Unternehmen und seinen Angestellten in die Tat umgesetzt, ebenso wie es die Ausrichtung der Schule für Pharmazie an der Hebräischen Universität in Jerusalem prägte, bei deren Errichtung er eine zentrale Rolle spielte.

Das deutsche Judentum hat auf die Grundlagen des wirtschaftlichen, sozialen, politischen und kulturellen Lebens sowie auf den Bildungs- und Wissenschaftssektor des Staates Israel großen Einfluß genommen; doch die Zeiten haben sich geändert und heutzutage weiß kaum noch jemand von dem Beitrag der Jeckes zum Aufbau des Staates. Oft waren sie Gegenstand des Spotts und Hohns, man erzählte viele Witze über sie, denn die Bevölkerung des Landes verstand die Jeckes und ihre Prinzipien nicht. Im Zeitalter der Huldigung des Kapitals vergisst man schnell den persönlichen Beitrag des Einzelnen zum gemeinsamen Unternehmen der Staatsgründung, seine harte Arbeit und Genauigkeit, sein Streben nach hervorragenden Leistungen, die umfassende Bildung und den gegenseitigen Respekt – jene Werte eben, die die deutschen Juden mitbrachten.

Die Geschichte meines Vaters beinhaltet diese Werte und ich hoffe, dass die Menschen eines Tages innehalten und ihr Leben nach diesen Werten ausrichten. Mehr als einmal wurde ich gefragt: „Wer wird dieses Buch lesen? Für wen machst du dir all die Mühe, dieses Buch zu veröffentlichen?“

Ich nahm diese Mühe zunächst um meiner selbst willen auf mich, aber das ist kein hinreichender Grund, um ein größeres Publikum dafür zu interessieren. Dieses Buch ist für die heutige und zukünftige Leser- und Forschergemeinschaft und die kommenden Generationen geschrieben; für junge Menschen mit Eigeninitiative, Visionen und Träumen, damit sie das Leben eines Menschen kennenlernen, der einem Traum, einer Vision nachhing und sie realisiert hat; damit sie einen Menschen treffen, der einer Ideologie folgte und sie in die Tat umgesetzt hat; damit sie über gegenseitige Hilfe und Verpflichtung gegenüber dem Nächsten lernen.

Ich hoffe, dass die Geschichte meines Vaters dem Leser das deutsche Judentum näher bringen kann – das Erbe der Jeckes und ihren Beitrag – wie sie das Elend des Aufstiegs der Nazis zur Macht überlebten und ihre Ziele verwirklichten. Lernen Sie Günther Friedländer, den Menschen und den visionären Firmenchef kennen, der mit seiner Initiative und seinen Prinzipien dazu beitrug, den Aufbau der Pharmaindustrie im Staat Israel zu verwirklichen.

Nomi Eshhar

Familienstammbaum Friedländer und Kober

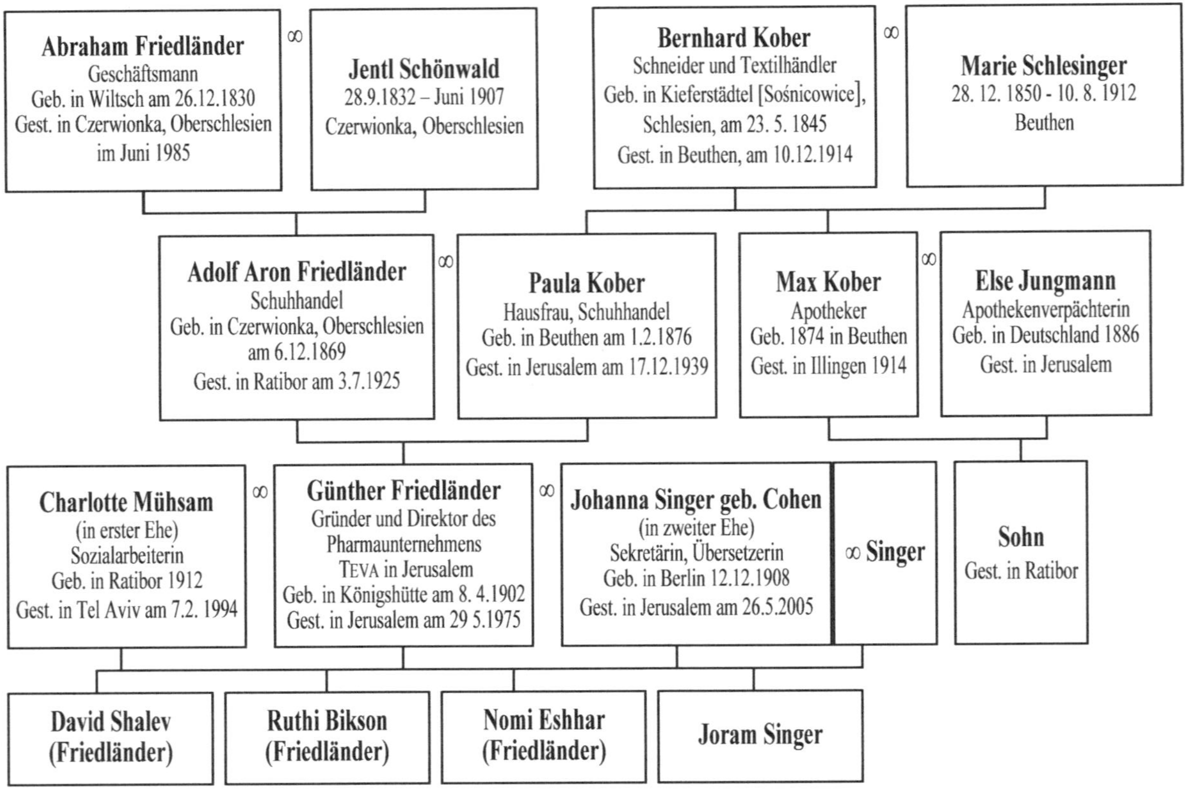

1. Wiege der Kindheit

Das Elternhaus in Schlesien

Die Region Schlesien lag im Osten Deutschlands zwischen den Flüssen Oder und Weichsel und ist reich an Mineralien, insbesondere Kohle und Eisen. Zu Beginn des 20. Jahrhunderts entwickelte sich in dieser Region die Industrie in rasanter Geschwindigkeit. Bis dahin genossen die Bewohner Schlesiens eine pastorale Landschaft, saubere Luft und eine üppige grüne Vegatation, das aber sollte sich nun ändern und tagsüber war der Himmel zumeist von schwarzem Rauch bedeckt. Das war die Landschaft von Günther Friedländers Kindheit.

Günther wurde am 8. April 1902 in Königshütte geboren. Seine Eltern waren die 26-jährige Paula und der 33-jährige Aron Adolf Friedländer, die beide aus säkularen jüdischen Familien der Mittelschicht im Osten Deutschlands stammten.

Paulas Eltern, Bernard Kober und Maria (Miriam) Schlesinger, hatten viele Kinder und verdienten ihren Lebensunterhalt mit einer Schneiderei und dem Handel mit Textilien in der Stadt Beuthen, heute Bytom, einer der ältesten Städte des damaligen Oberschlesien. Adolfs Eltern, der Geschäftsmann Abraham Friedländer und Jentl Schönwald, lebten in Czerwionka, einem kleinen Städchen westlich von Beuthen.

Nach seiner Heirat mit Paula am 1. November 1900 zog Adolf nach Königshütte, um der Familie seiner jungen Frau näher sein zu können. Nach eineinhalb Jahren wurde Günther im Sternzeichen des Stiers geboren, welches als charismatisch, individualistisch und innovativ gilt. Seine Geburt brachte Licht und Freunde in die junge Familie. Adolf war im Schuhhandel tätig und widmete sich vollends seiner Arbeit, damit die Familie ein gutes Auskommen hatte.

Im Verlauf der Geschichte zog Schlesien Besatzer verschiedenster Nationen an, die über die Bodenschätze verfügen und sich bereichern wollten. Wieder und wieder wechselte die Herrschaft zwischen Böhmen, Österreich, Polen, Preußen und Deutschland. Jede neue Regierung brachte neue Wellen von Einwanderern, den Zuzug neuer ethnischer Gruppen und ihrer Sprachen mit sich. Sie schufen ein menschliches wie soziologisches Mosaik und führten zugleich zu staatlichen, religiösen und gesellschaftlichen Spannungen. Jede Gruppe verfolgte ihre eigenen Interessen und war bemüht, ihre Kultur, Sprache, Sitten und Herrschaftsgewohnheiten als dominant zu etablieren. Oberflächlich gesehen war die Landschaft friedlich, aber im Inneren brodelte es und Konflikte über Staatssprache, Unterrichtssprache, Nationalfeiertage und dergleichen brachen aus. Die städtische Bevölkerung neigte zu Polen und zur polnischen Sprache, aber Familie Friedländer, Juden überwiegend deutscher Herkunft, wollte in einer Region mit deutscher Staatsangehörigkeit und deutscher Kultur leben. Wie die meisten deutschen Juden sahen auch sie sich in erster Linie als Deutsche und erst dann als Juden.

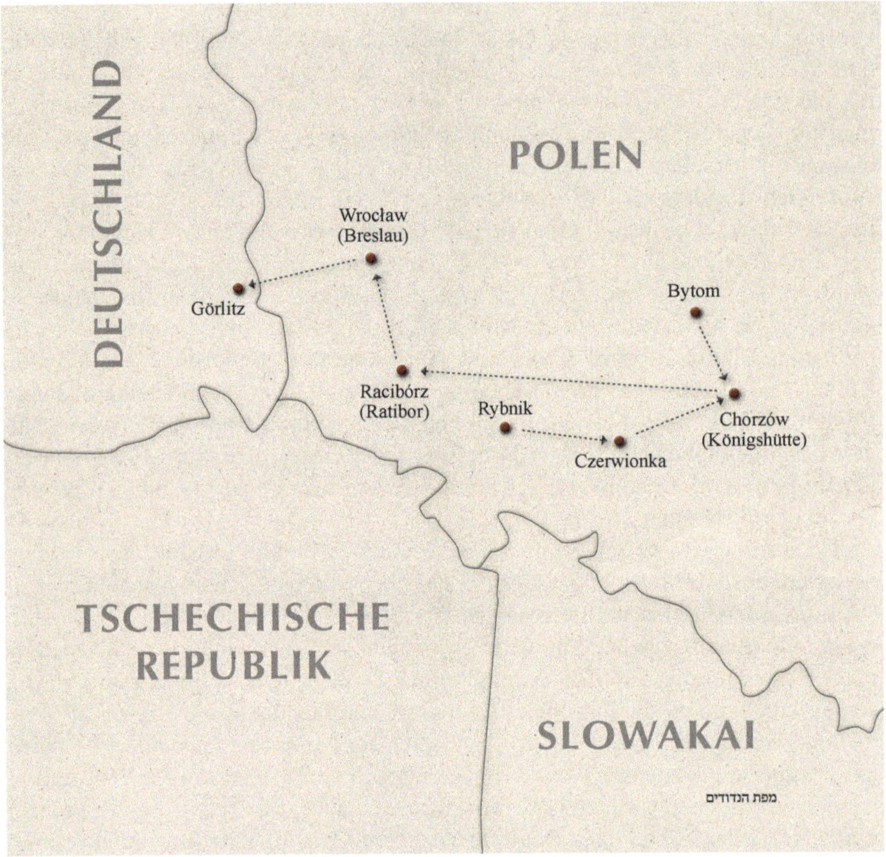

Friedländers schlesische Heimat in den Grenzen von 2012

Seit Großmutter Miriam im Alter von 62 Jahren verstorben war, ließ die Bindung zum Ort nach. Zwingende Umstände waren dafür verantwortlich: Ihr Sohn vertrug die kohlenstaubgetränkte Luft nicht und litt an Atemnot, außerdem herrschten sozial-politische Spannungen und nun gab es auch keinen Grund mehr, hier zu verbleiben. 1912 entschlossen sich Adolf und Paula westwärts nach Ratibor[5] zu ziehen, nahe zu Czerwionka, dem Zentrum von Adolfs Handelstätigkeit.

Günther hatte seine Großmutter Jentl[6], die Mutter seines Vaters, kaum wirklich kennengelernt, da er bei ihrem Tod erst fünf Jahre alt war. Sein Großvater Abraham[7] verstarb bereits vor seiner Geburt. Günther war ein neugieriges Kind, lebhaft und sprunghaft. Er war zehn Jahre alt, als die Familie nach Ratibor zog und die ersten vier Grundschuljahre verbrachte er in Königshütte.

Paula und Abraham hatten keine weiteren Kinder und in Königshütte war Günther nur von Erwachsenen umgeben, deren ganze Aufmerksamkeit allein ihm galt. Er war ihr Lebensmittelpunkt. Der Umzug nach Ratibor verschaffte ihm neue Möglichkeiten, neue Bekanntschaften, zog ihn aus dem engen Familienzirkel und ermöglichte ihm soziales Leben mit Kindern seines Alters.

Ratibor

Das nahe zur tschechischen Grenze gelegene Ratibor war ehemals die Hauptstadt Oberschlesiens. Die Stadt liegt an den Ufern der Oder, eingebettet in eine hügelige Waldlandschaft mit schütteren Baumkronen. Ratibor durchlief wie andere schlesische Städte zahlreiche Regierungswechsel: Im 19. Jahrhundert gehörte sie zu Deutschland, und seit dem Zweiten Weltkrieg gehört sie zu Polen.

Als Familie Friedländer nach Ratibor kam, gab es dort nur eine kleine jüdische Gemeinde von etwa 500 Seelen. Die Familie begann gesellschaftliche und geschäftliche Kontakte zu knüpfen und versuchte, sich zu integrieren. Adolf fand eine Anstellung als Abteilungsleiter in der örtlichen Schuhfirma Konrad Tack, Paula ging weiter ihrer Tätigkeit als Hausfrau nach und Günther wurde in die fünfte Klasse der örtlichen allgemeinen Grundschule aufgenommen, in der er acht Jahre lang lernte bis zum Abschluß des Gymnasiums im Jahr 1920.

Günther war von kleiner starker Statur mit glatten kastanienbraunen Haaren und ernsten braunen Augen, ein Junge, der nur selten lächelte. Seine Kleidung war stets ordentlich und entsprechend der üblichen Mode geknöpft, und von früher Jugend an trug er eine Brille. Unablässig untersuchte und prüfte er seine Umgebung, er suchte seinen Platz in der unbekannten neuen, doch faszinierenden und herausfordernden Gesellschaft.

5 Heute: Raciborz in Polen.

6 Jentl Friedländer, geborene Schönwald (28.9.1832 – Juli 1907).

7 Abraham Friedländer (26.12.1830 – Juni 1895).

Die damalige Auffassung von Erziehung in Deutschland besagte, dass man den Kindern eine möglichst breite humanistische Bildung zukommen lassen sollte und die Schulen betonten den Spracherwerb – Deutsch, Latein, Französisch und Englisch. Außerdem favorisierten sie die humanen Wissenschaften wie Schreiben, Religion, Kunst, Poesie, Literatur und Mathematik. Günther nahm die herrschende kulturelle Atmosphäre in sich auf und war sehr wählerisch in seinem Lerneifer.

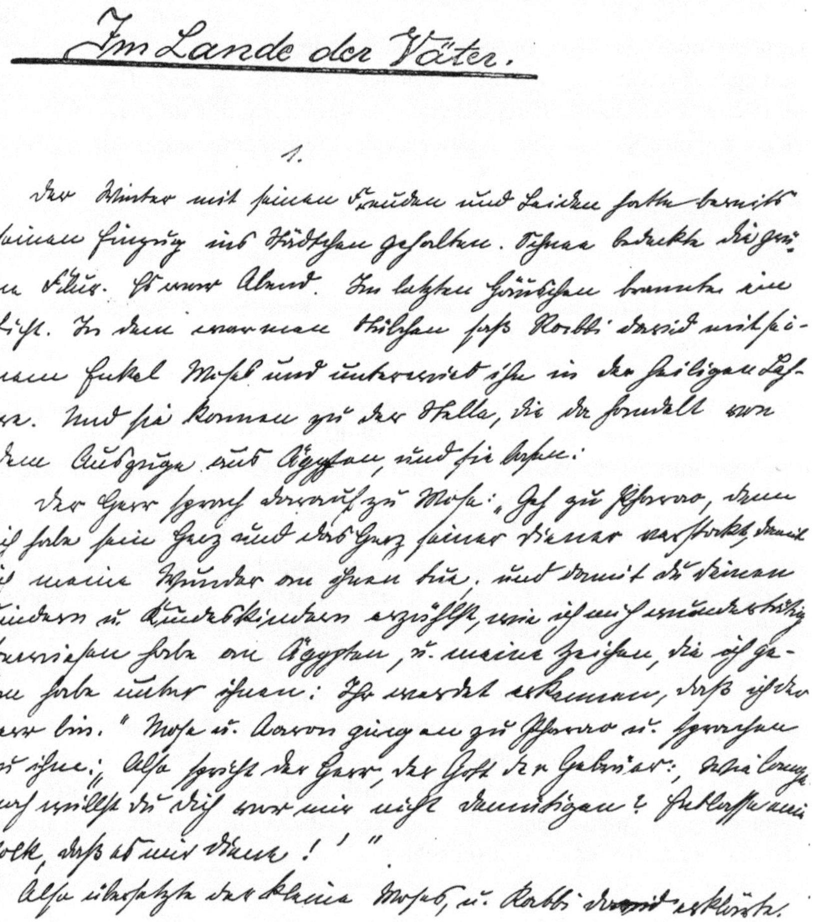
Im Lande der Väter.

1.

Der Winter mit seinen Freuden und Leiden hatte bereits seinen Einzug ins Städtchen gehalten. Schnee bedeckte die grünen Fluren. Es war Abend. Im letzten Häuschen brannte ein Licht. In dem warmen Stübchen saß Rabbi David mit seinem Enkel Mosche und unterwies ihn in der heiligen Lehre. Und sie kamen zu der Stelle, die da handelt von dem Auszuge aus Ägypten, und sie lasen:

Der Herr sprach darauf zu Mose: „Geh zu Pharao, denn ich habe sein Herz und das Herz seiner Diener verstockt, damit ich meine Wunder an ihnen tue, und damit du deinen Kindern u. Kindeskindern erzählst, wie ich mich mächtig bewiesen habe an Ägypten, u. meine Zeichen, die ich getan habe unter ihnen: Ihr werdet erkennen, daß ich der Herr bin." Mose u. Aaron gingen zu Pharao u. sprachen zu ihm: „Also spricht der Herr, der Gott der Hebräer: Wie lange noch willst du dich vor mir nicht demütigen? Entlasse mein Volk, daß es mir diene!'"

Also übersetzte der kleine Mosche, u. Rabbi ~~David~~ erklärte.

Sütterlin-Schrift, Auszug aus Friedländers Kladde

Literatur und Kunst mochte er sehr, besonders die Kalligraphie hatte es ihm angetan, die Kunst des stilisierten Schreibens im Geiste der schönen Künste, eine Kunst- und Handwerksrichtung des 19. Jahrhunderts. Diese Richtung hatte sich der Wiederbelebung der gotischen Schrift in einer erneuerten Form verschrieben: der Sütterlinschrift[8]. In jener Zeit wurde die Sütterlinschrift offiziell als Schreibschrift in den Schulen eingeführt. Günther liebte diese Schrift und übte sie stundenlang, auch während anderer Unterrichtsfächer. Der Lehrer mochte über dieses und jenes sprechen, Günther tat, als ob er zuhörte, in Wahrheit aber übte er „sütterlinisch“, wie die Schüler die Schrift nannten. Er setzte seine Schreibübungen auch zu Hause stundenlang fort. Die Sütterlinbuchstaben sind wie disziplinierte Soldaten angeordnet. Diese Schrift verlangt Disziplin, das Befolgen strenger Regeln und den stetigen Verbleib innerhalb des vorgegebenen Regelwerks.

Nach außen hin war Günther ein lebhafter Junge, doch im Inneren seiner Seele war er sehr empfindsam. Er saß stundenlang allein zu Hause, schrieb in dicht gedrängten Sütterlinbuchstaben Gedichte und Gedanken auf unzählige Blatt Papier.

Sein Elternhaus in Ratibor glänzte vor Sauberkeit und alle Türklinken und Schrankknöpfe waren mit glänzendem Gold überzogen. Tagtäglich gab es im Hause die Zeremonie des Klinkenputzens, bis Paula entschied, die Klinken zu bedecken, damit sie vor Luft geschützt seien und nicht schwarz würden. Günther fand das absurd: „Mama, das ist wirklich albern, warum hast du teure goldene Klinken gewählt, wenn du sie zudeckst? Warum macht man sich die Mühe, etwas so schönes zu schaffen, wenn man es dann zudeckt und seine Schönheit nicht genießt?“ Aber Paula ließ sich nicht überzeugen. So wurde sie erzogen und so benahm man sich in der Mittelschicht: Sie erwarben schöne Gegenstände und bedeckten sie, damit sie sich nicht abnutzen und verschmutzen. Günther machte sich über diese Sitte lustig – bis er diese Bräuche mit der Zeit verinnerlichte.

Else und Max Kober in Görlitz

Einer der vielen Brüder von Paula, Max Kober, der einige Jahre jünger war als sie, studierte Pharmazie an der Friedrich-Wilhelms-Universität in Breslau. Nachdem er seine Doktorarbeit abgeschlossen hatte, zog Max vom Land in die Stadt Görlitz und wurde Teilhaber der renommierten Kronen-Apotheke, die 1883 gegründet wurde und schließlich in seinen Besitz überging. In Görlitz lernte Max

8 Die Sütterlinschrift verdankt ihren Namen dem Graphiker Ludwig Sütterlin. Er entwarf eine Schrift, die die alte, seit dem 16. Jahrhundert geläufige, deutsche Schreibschrift ablöste. Die Verbreitung der Sütterlinschrift begann in Deutschland im Jahr 1915. Seit 1920 war die Sütterlinschrift die offizielle Schreibschrift in allen Schulen Deutschlands.

Else Jungmann kennen, eine großgewachsene junge Frau mit üppigen Rundungen, und heiratete sie. Else wuchs in einer Atmosphäre strenger Disziplin und Sparsamkeit auf, die ihr Alltagsverhalten stark beeinflusste: Sie hatte einen finsteren Gesichtsausdruck mit herben Zügen, war streng, wortkarg und sprach nur das Nötigste, verfügte aber über Organisationstalent. Das Paar Kober hatte nur einen einzigen Sohn. Als dieser Reiten lernte, ging das Pferd eines Tages im Galopp durch, das Kind fiel herunter und war tot. Else und Max taten sich schwer, sich von der schrecklichen Tragödie, die sie ereilt hatte, zu erholen. Das Ereignis war nur ein Glied in der Kette der unglücklichen Vorfälle, die die Familie heimsuchten. Bevor sie sich von dem plötzlichen Tod des einzigen Sohnes erholen konnten, starb 1912 Max' geliebte Mutter Maria, der sie sehr verbunden waren.

Nur wenig Zeit verging und ein neues Unglück ereilte die beiden: im Sommer 1914 brach der Erste Weltkrieg aus und Max wurde zur Armee eingezogen. Bereits in den ersten Kriegstagen wurde er schwer verwundet und ins Militär-Krankenhaus Illingen eingeliefert, das im Südwesten Deutschlands liegt. Max erholte sich nicht und erlag seinen Verletzungen. Er war nur knapp über 30 zum Zeitpunkt seines Todes. Else Kober blieb mit nur 28 Jahren als trauernde Kriegswitwe zurück, und auf ihren Schultern lastete die Sorge um den Fortbestand der Apotheke in Görlitz. Die größte Hilfe erfuhr die einsame Witwe von der Familie ihrer Schwägerin, von Paula Friedländer in Ratibor.

Günther, Max' kleiner Neffe, stand seiner Tante Else sehr nahe und sie bezog sich auf ihn, als sei er ihr verlorener Sohn. Sie hatte nie wieder geheiratet und auch keine weiteren Kinder. Die tragischen Unfälle hatten sie verbittert. Obwohl sie eine herzensgute Frau war, zeigte sie nach außen Härte und Distanz. Paula Friedländer war noch nicht über den Tod des geliebten Bruders hinweg, als die Familie 1914 mit dem Tod ihres Vaters Bernard Kober[9] neues Leid ereilte.

Günthers Schicksal, der beim Tod seines Onkel Max 12 Jahre alt war, wurde von all den familiären Unglückfällen sehr beeinflusst. Das Leben seiner Tante Else und ihrer Apotheke sollten einen entscheidenden Einfluß auf sein zukünftiges Leben nehmen, ohne dass er damals davon wissen konnte.

Tante Else lud die Familie bei jeder sich bietenden Gelegenheit ein, Görlitz zu besuchen. Adolf war mit der Leitung der Verkaufsabteilung der Schuhfirma Konrad Tack sehr beschäftigt und seine Verbindungen mit Kober waren nicht übermäßig eng. Paula hingegen nahm die Einladungen ihrer Schwägerin gerne an und in den Schulferien, wenn Günther zustimmte, sich vom jüdischen Jugendbund Blau-Weiß, der sein zweites Zuhause geworden war, für eine Weile zu trennen, reisten die beiden zu Tante Else. Sie fuhren mit der Eisenbahn von Ratibor nach

9 Bernard Kober (23.5.1845 – 10.12. 1914).

Breslau[10] und von dort weiter nach Görlitz – alles in allem eine Reise von einigen Stunden. Günther und Paula liebten diese Reisen und die Besuche bei Tante Else. Für sie war die Ankunft des Kindes ein frischer aufmunternder Wind, der Freude und Gelächter ins Haus brachte und sie aus ihrem grauen Alltag herausriss. In den Augen des neugierigen und energiegeladenen Günther war die Apotheke eine Welt für sich und er liebte es, in ihr herumzustöbern, die Apothekengefäße und ihren Inhalt zu untersuchen. Die weißen Porzellantöpfe standen alphabetisch geordnet in den Regalen, strahlten blitzblank und und waren mit braunen Holzkorken luftdicht verschlossen. Die Gefäße waren mit Etiketten versehen, welche die Namen der Substanzen in lateinischer Sprache und stilisierter gotischer Kurrentschrift trugen. Diese Standgefäße der Kronen-Apotheke eröffneten Günther eine ganz neue Welt. Sie erfüllten für ihn zweierlei Zweck: Zum einen konnte er seine Lateinkenntnisse und die Sütterlinschrift an ihnen üben, zum anderen lernte er ihren Inhalt kennen – die Materia Medica des beginnenden 20. Jahrhunderts. Zwar erlaubte ihm seine pedantische Tante Else nicht, die Gefäße zu öffnen, um deren Inhalt zu prüfen, aber wenn keine Kunden in der Apotheke waren, antwortete sie ihm gern auf all seine Fragen und erklärte, so gut sie es vermochte. Und seine Fragen nahmen kein Ende: „Tante Else, woraus besteht diese Medizin und wann wird sie angewendet?“ „Günther, wenn alle Kunden gegangen sind, werde ich dir deine Fragen beantworten.“ „Tante Else, aus welcher Pflanze besteht diese Medizin und wofür ist sie gut?“ „Tante Else, wie können Pflanzen heilen? Und welche Pflanzen können heilen?“ Günther hörte nicht auf zu fragen. „Günther, mein Schatz, bestimmte Pflanzen enthalten Stoffe, die schmerzstillend wirken und bestimmte Kranheiten heilen. Ich werde dir eine Pflanzentafel geben und dann kannst du über jeden Inhaltsstoff lernen“, antwortete Tante Else flüsternd, um die Kunden nicht zu stören. „Tante Else, wo wachsen diese Pflanzen und wie findet man sie? Und wer pflückt sie?“ „Günther, du störst mich ein bisschen. Wenn du groß bist, kannst du an der Universität Pharmazie studieren. Und wenn es dich so sehr interessiert, spezialisiere dich auf Heilpflanzen. In der Mittagspause reden wir weiter.“ Der wißbegierige Günther ließ nicht ab. Er starrte die Kunden an, wenn sie ihre ärztlichen Rezepte vorlegten. Jede Information saugte er gierig auf und fuhr fort mit seinen Fragen: „Tante Else, was ist ein ärztliches Rezept? Warum braucht man ein Rezept? Ohne Rezept geht es nicht? Sie können doch zu dir kommen, Tante Else, ohne zum Arzt zu gehen, und du weißt doch alles und kannst ihnen geben, was sie brauchen!“ „Schade, dass Onkel Max nicht mehr mit uns ist! Du weißt, dass er Apotheker war, und er hätte dir fachgerechte Antworten geben können.“ Auf viele seiner Fragen wusste Else, die selbst keine Apothekerin war, keine Antwort. Das einsame Dasein ohne die Störungen von Kin-

10 Heute Wroclaw in Polen.

dern in ihrem täglichen Leben führte dazu, dass Günther ihr etwas auf die Nerven ging, aber dies wog nichts angesichts der Freude, die er in ihr Leben brachte. Günther liebte die Besuche in der faszinierenden Welt der Görlitzer Apotheke sehr und sagte seiner Mutter und Tante Else, dass er, wenn er groß sei, wie sein verstorbener Onkel Max Apotheker werden und wie Tante Else in einer Apotheke arbeiten wolle.

„Günther, wenn du das Gymnasium absolviert hast, wirst du an der Friedrich-Wilhelms-Universität von Breslau Pharmazie studieren und deinen Doktor machen, genau wie dein Onkel Max. Und wenn du dein Studium abgeschlossen hast, wirst du hier mit mir in der Apotheke in Görlitz arbeiten“, gab Tante Else zurück. Und zu ihrer Schwägerin sagte sie: „Mach dir keine Sorgen wegen der Finanzierung von Günthers Studium, Paula. Du weißt, er ist für mich wie ein Sohn. Ihr seid meine geliebte Familie und ich werde sein Studium bezahlen.“ „Warten wir ab, wie sich das Leben weiterentwickelt. Günther ist noch klein und zuallererst muss er mal die Grundschule fertigmachen, und dann das Gymnasium.“ Else dachte weit voraus, plante fürs Alter. Günther würde dann die Last der Apotheke tragen, sie übernehmen und so in Max' Fußstapfen treten und sein Erbe fortführen. Günther ging zu dieser Zeit noch in die Grundschule und Elses Ideen lagen noch in weiter Ferne. Nach Max Kobers Tod hatte Else zunächst einen Apotheker angestellt, war aber schließlich der Bürde, die Apotheke mithilfe des Verwalters zu leiten, nicht mehr gewachsen und verpachtete sie.

Günther Friedländer im Alter von 13 Jahren, Bar Mitzwa

2. Jugendträume

Günther verlebte seine Jugendjahre während des Ersten Weltkriegs zu einer Zeit, als viele jüdische Flüchtlinge aus Osteuropa in die Stadt gelangten. Die Welt der Flüchtlinge machte ihn neugierig und zog ihn an. Er hielt sie für exotische, fremde Wesen. Sie sprachen Jiddisch, eine Sprache, die er nicht kannte, obgleich sie dem Deutschen ähnelte und sie trugen schwarze Kleidung. Sie waren sehr religiös und widmeten den größten Teil ihrer Zeit dem Studium der heiligen Schriften: Tora, Mischna und Gemara. Die Juden Osteuropas unterschieden sich stark von den westlichen Juden Ratibors, die der deutschen Kultur verbunden waren und sich teilweise auch assimiliert hatten. Die deutschen Juden distanzierten sich von denen aus Osteuropa und nannten sie verächtlich „Ostjuden". Ihr Aussehen und Benehmen, die schwarze Kleidung, die Knoblauch- und Zwiebeldünste, die sie verbreiteten und das Jiddische – all das stieß die deutschen Juden ab, nicht jedoch den jungen Günther. Er zeigte Interesse an ihrer Kultur und ihr Elend, welches sie gezwungen hatte, zu fliehen und westwärts zu ziehen, berührte ihn.

Er sprach mit ihnen, näherte sich einigen an und erfuhr durch sie von der großen Sehnsucht, nach Erez Israel, in das Land der Väter, einzuwandern, denn nur in diesem Land konnte die Erlösung der Juden stattfinden. Seine Neugier und Annäherung an die Juden Osteuropas veränderten Günthers Haltung zur jüdischen Identität, und er identifizierte sich immer stärker mit dem Schicksal seines Volkes. Er verstand, dass es Prozesse gab, die schon lange Zeit andauerten und suchte Erlösung, er suchte das Licht am Ende des Tunnels, das am Ende der dunklen Periode aufscheinen würde.

Im Alter von 15 Jahren brachte er seine Gedanken und Überlegungen in einer Geschichte zum Ausdruck:

Im Lande der Väter[11]

1.

Der Winter mit seinen Freuden und Leiden hatte bereits seinen Einzug ins Städchen gehalten. Schnee bedeckte die grüne Flur. Es war Abend. Im letzten Häuschen brannte ein Licht. In dem warmen Stübchen sitzt Rabbi David mit seinem Enkel Moses und unterweist ihn in der heiligen Lehre. Und sie kommen zu der Stelle, die da handelt von dem Auszuge aus Ägypten, und sie lesen:

---

11 Günther Friedländer, *Im Lande der Väter* (1917), Familienarchiv Nomi Eshhar.

„Der Herr sprach darauf zu Mose: 'Geh zu Pharao, denn ich habe sein Herz und das Herz seiner Diener verstockt, damit ich meine Wunder an ihnen tue; und damit du deinen Kindern und Kindeskindern erzählst, wie ich mich wundertätig erwiesen habe an Ägypten, und meine Zeichen, die ich getan habe unter ihnen: Ihr werdet erkennen, daß ich der Herr bin.' Mose und Aaron gingen zu Pharao und sprachen zu ihm: 'Also spricht der Herr, der Gott der Hebräer: Wie lange noch willst du dich vor mir nicht demütigen? Entlasse mein Volk, daß es mir diene!'"

Also übersetzte der kleine Moses, und Rabbi David erklärte und er sprach: „Sieh, mein Kind, so wie Gott der Juden gedachte, als sie so hart in Ägypten bedrängt wurden, und sie befreite, so wird er auch in kommenden Tagen sich unser erbarmen, uns, sein treues, auserwähltes Volk, von den Qualen des Galus[12] erlösen und uns zurückführen in das Land unserer Väter, in das er Israel damals brachte."

2.

Die Jahre vergingen, Klein-Moses wuchs heran unter der Aufsicht seines Großvaters und wurde nach Wilna auf die Schule geschickt. Dort zeigte er außerordentliche Begabung und Fleiß, und bald sollte er als junger Rabbi Wilna verlassen. Da riß ihn ein trauriges Ereignis aus all' seinem Glücke heraus: Sein Großvater war eingegangen in das Reich der Toten. Nun war er verwaist. Niemanden hatte er auf der weiten Welt, der sich seiner annahm. Und so wurde er nach dem Willen Gottes ein Hausierer, so wie Tausende seiner Glaubensgenossen und suchte sein Glück auf der Landstraße. Er fand es. In einer kleinen Stadt Wolhyniens erwarb er eine Kelterei und lebte dort einige Jahre mit seiner Frau, im Kreise seiner Kinder glücklich und zufrieden. Seine Söhne unterrichtete er selbst in der Tora, wie sein Großvater es mit ihm getan hatte. Auch die Kabbala vergaß er nicht, und seine Söhne folgten mit Inbrunst dem Vortrage des gelehrten Vaters. Noch oft erinnerte sich dieser jenes Winterabends im Städtchen und prägte seinen Kindern die Worte des Rabbi David ein: „Gott wird sein treues, auserwähltes Volk, von den Qualen des Galus erlösen und uns zurückführen in das Land unserer Väter, in das er Israel damals brachte."

Doch das Glück wich. Eine Fügung Gottes! So dachte auch Moses und ergab sich in sein Geschick. Die Obsternte war schlecht ausgefallen, die Früchte zum Weinbereiten blieben aus und mit ihnen auch der tägliche Lebensunterhalt. Immer größer wurde die Armut und schon lebten sie von den Almosen Mitleidiger. Da entschloss sich Moses wieder zum Wanderstabe zu greifen. Diesmal wollte er nicht handeln, er wollte büßen, Buße für Schuld geben, heimkehren in das Land seiner Väter. Und sein Weib war froh und sprach: „Dort gehen alle armen armen Juden hin, denn dorthin schicken die Reichen viel Almosen!" So sagte sie Moses als er entgegnete: „Ich ziehe nicht hin um der Unterstützung willen, nein, ich will zu Gott beten und Buße tun!" Noch immer schwankte seine Familie. Da beschloss er, den Wunderrabbi von Sadagora zu befragen. Er pilgerte zu dem heiligen Manne, und dieser kündete ihm: „Du tust weise! Ziehe denn! 20 Jahre jedoch wirst du umherwandern und mühselig dein Brot erwerben, doch dann wird dir die Sonne der Freiheit leuchten, du wirst einziehen in das Land deiner Väter. Eines Tages wirst du mitten in einer Sandwüste stehen, und im Süden am Horizont wirst du die Dächer einer Stadt sehen. Wandere dann dorthin und du wirst an einem Schabbes-Abend dort eintreffen!" Moses ging heim und erzählte den Spruch seiner Familie. „Aber", sprach er, „Euch muss ich noch hier lassen, erst wenn ich mir in Palästina etwas erworben habe, kommt ihr dorthin." Und damit schied er, nachdem er sein Weib und seine Kinder gesegnet hatte. Die daheim aber gerieten in Streit, denn die Söhne zankten untereinander, wer Zion wieder aufbauen wird. Der eine hielt sich nur an die Kabbala und prophezeite: „Es wird der Herr ein großes Erdbeben entstehen lassen, und der Boden wird zuunterst versinken und das unterste nach oben gewälzt werden. Der Herr wird in einer Feuer-

12 Galus, von hebr. *Galut* bedeutet Diaspora, die Zerstreuung der Juden [Anm. der Übers.].

säule erscheinen und wird das arme Volk zurückführen." Ein anderer aber sagte: „Anders wird es geschehen. Nicht der Herr mit Feuer und Erdbeben wird uns den Weg bahnen, sondern wir selbst werden rüsten und schaffen, aus unserem Geiste soll das Leuchten des Herrn hervorgehen, und den Boden werden wir mit unseren eigenen Händen umgraben. Wir müssen uns bereithalten, die Lenden gegürtet, die Schuh' an den Füßen, den Stab in der Hand!" So stritten sie. Derweil aber zog ein armer Handelsmann von Stadt zu Stadt, von Land zu Land und fristete von den einigen verdienten Groschen sein unglückliches Leben ...

3.

Zwei Jahrzehnte sind vergangen. In einer fruchtbaren Ebene nördlich Jerusalems steht ein einsamer Wanderer. Das Elend spricht aus seiner Kleidung, abgerissen, ohne Schuh, mit langem grau meliertem Bart, einen Stock in der Hand, gibt er ein Bild trostloser Armut. Tiefatmend betrachtet er die Umgebung, und siehe: es ist keine Wüste, wie der Wunderrabbi geweissagt, nein, fruchtbares Ackerland umgibt rings den traurigen Wanderer. Sein Blick erhellt sich, als er Männer auf den Feldern gewahrt, die hinter dem Pfluge gehen und den Boden für die nächste Saat umackern. Er geht an sie heran und fragt: „Wer seid ihr? Und wo bin ich?" Und sie antworten: „Wir sind Juden, und das Land wo du stehst, ist Palästina, unser Land. Die Dächer, die du dort hinten siehst, das ist Jerusalem!" Überwunden von einem Gefühl der Freude, umarmt er seinen Bruder und erzählt ihm unter Tränen von seiner 20-jährigen Wanderung. Und wie er frohen Blickes nach Süden schaut, seinem Ziele, da erkennen wir ihn wieder, den alten morschen Juden: es ist Moses, unser Moses aus dem kleinen Städtchen in Wolhynien ...

4.

Die Sonne senkt ihre letzten Strahlen auf Jerusalem, da schreitet Moses ruhig durch die neuen Straßen. Er hat kein Auge für all' die prächtige Schönheit der Anlagen, er denkt noch immer an die Bauern draußen, die ihre neue Scholle mit eigenen Händen umgegraben haben, und nicht hat Gott die Erdschichten durch ein Beben gewandt. Da plötzlich steht er vor einem prächtigen Gebäude aus gelben und roten Quadersteinen. „Bei uns zu Haus gab's so was nicht, aber auf meiner Wanderung, da habe ich viele solche gesehen, das ist die Schul." Er geht hinein und setzt sich bescheiden in die letzte Reihe. Aber kein Gebet kommt über seine Lippen, mit Andacht betrachtet er das reiche Gewölbe und denkt zurück an das armselige, schmutzige Bethaus in der alten Heimat. Ja, eingeschlossen und gedrängt waren wir und unser Gebet, jetzt aber kann es frei herausströmen zu Gottes hohem Sitz. Und nun erst findet er Worte des Dankes und Hymnen zu Gottes Lob. Um sein Antlitz spielt Freude und Zufriedenheit. Dann aber wird sein Ausdruck wieder ernst, und er betet zu Gott: „Nun, da mich hast kommen lassen in das Land meiner Väter, nun lass mich auch meine Kinder noch einmal sehen und mein Weib, dann lass mich sterben!" – Der Gottesdienst ist bereits beendet, Moses aber sitzt noch immer andächtig auf seinem Platze. Da tippt ihm jemand auf die Schulter: es ist der Vorbeter. Er fragt ihn, wer er sei. Und Moses so recht damit zufrieden, wenigstens einem sein Herz ausschütten zu dürfen, erzählt ihm seine ganze Leidensgeschichte. Zum Schlusse fügt er noch die Bitte an, die er eben an Gott gerichtet hat. Da wendet sich der Vorbeter weg und verbirgt sein Gesicht. „Ihr seid heute mein Gast!", sagt er und zieht den Alten mit sich fort aus dem Heiligtum.

5.

Daheim wartet der festlich gedeckte Sabbathtisch. Die Mutter des Hauses legt noch das Silberzeug auf, als der Kantor mit seinem Gast eintritt. „Gut Schabbes, Mutter!", sagt er zu seiner alten Mutter, die bereits im Lehnstuhl Platz genommen hat, „hier bringe ich dir einen Gast!" Doch da ... welche

Bestürzung ... Tränen der Freude ... Schluchzen und Jauchzen ... danken ... umarmen ... es währte nicht lange. Gott hatte einer glücklichen Familie seinen Vater wiedergeschenkt. Die Söhne aber begannen wieder den Streit, und Moses entschied: „Gott hat die Erde beben lassen durch sein Wort, durch Eure Tat. Gott hat die Erdschollen gewandt, die untersten zuoberst und umgekehrt durch Eure Hände. Gott hat den Träumern die Zukunft durch seine Feuersäule erhellt, und einer dieser Träumer, der Träger von Gottes Feuersäule, hat Euch den Weg gezeigt. Und die Flamme des neuen Geistes und der Begeisterung hat seinen Sinn geleitet. So habt ihr beide recht.“ Da war eitle Freude unter ihnen und sie begingen einen Sabbath des Herrn. Die Kerzen strahlten heller, als wollten sie die Züge der alten Eltern erhellen und verjüngen, damit sie noch einmal Jugendwärme und das neue Werk genießen könnten.

6.

Jugend aber kehrt nie wieder, und der Tod ist die Grenze des Alters. Moses und seine Kinder trugen die Mutter zu Grabe. Der Alte war traurig und verschlossen. Er zog heraus aus dem Weltgetümmel, aus dem Lärme der Straßen. Weit draußen haben ihm seine Söhne ein Häuschen geschenkt, und da lebt er nun und wartet geduldig auf die Tage des ewigen Friedens. Und eines Tages tragen sie auch ihn hinaus auf den Friedhof, und die Erde schließt sich über seinem Sarge: Moses ruht nach seinem wechselvollen Leben aus von allen Strapazen im Lande seiner Sehnsucht, im Lande der Väter.

(Günther Friedländer, Ratibor, 31.8.1917)

Während seiner Gymnasialzeit lernte Günther die Werke des deutschen Dichters Johann Wolfgang von Goethe kennen, ein Sohn des 18. und frühen 19. Jahrhunderts, und eignete sich seine Sprüche und Redewendungen an. Goethe schrieb über Jerusalem, nachdem er das Werk des italienischen Dichters Torquato Tasso, *Das befreite Jerusalem*, gelesen hatte. Tasso, ein Dichter des 16. Jahrhunderts, beschreibt in seinem Werk den Kreuzzug des Ritters Rinaldo nach Jerusalem. Goethes Werke hatten sehr großen Einfluß auf Günther und inspirierten ihn zu einem Gedicht, das seine Sehnsucht nach Jerusalem beschreibt.

Jerusalem[13]
Durch's Ungarland
Vom Ostseestrand
Wandert ein fahrender Gesell.
In keinem Städtchen ist er Gast;
Nur an der Landstrass' hält er Rast.
Gar unstet ist sein harter Weg.
In Eile zieht's ihn fort nach Süd'.
Wenn dann in finstrer Nacht
der Sterne Licht entfacht,
und er zur Rast am Wegesrande ruht,
dann träumt er süß und malt sich aus:
Wie still im weiten Lande liegt das Haus,
daraus ein Licht der Wonne quillt hervor

---

13 Günther Friedländer, *Jerusalem* (1917), Familienarchiv Nomi Eshhar.

dort kommt er hin; da öffnet sich das Tor,
und eine blendendweiße treue Jungfrau ihn
begrüßet an der Schwelle seines Glücks.

Das Mädchen ist ein herrlich schön Geschöpf,
sie bleibt dauernd jung,
Und glänzt von jetzt in alle Ewigkeit.
Sie leuchtet edelmütig ihm und allen Juden
Als Name, als Mittelpunkt der Einigkeit.
Sie ist das fern Ziel des Wanderers,
der träumend ihrer dauernd denkt.
Sie ziehet alle an mit ihrem Schimmer,
nicht nur die Jungen, auch die Alten immer.
Und alle folgen ihrem laut'ren Schein!

Und wieder einmal ward' es Nacht,
die helle Sonn' des Tages nicht mehr lacht.
Die helle Sonn' des Lebens schwindet hier.
Am Weg der Wandrer sinkt ermattet nieder,
krank und ermüdet senkt er seine Lider,
Und öffnet sie nicht mehr.
Dahin ist alle frohe Zukunftsthoffnung,
Er kann das holde Mädchen nicht mehr sehen
Der ganze Traum war wirklich nur ein Traum
Still schläft er ein! Verlassen und so nah dem ...

Der Schnitter Tod treibt hier sein grausam' Spiel!
Und viele sinken so ins Grab dahin,
Im Kampf, um dieses holde Mädchen zu gewinnen;
Viele erreichen doch den glänzend Diadem, ...
Das Ziel der Täume, Jungfrau Jerusalem!

(Günther Friedländer, 15 ½ Jahre alt, Ratibor, 23. September 1917)

Die Erziehung zur Naturverbundenheit war in den deutschen Schulen und auch in Ratibor tief verankert. Der Lehrer pflegte mit der Klasse oft Ausflüge in die Wälder und Anhöhen rings um Ratibor zu machen. Auf einer der Fotografien, die Günther aufbewahrt hat, sieht man den Lehrer in der Mitte im Kreise seiner Schüler stehen, die an einen großen Baumstamm gelehnt sind. Die Schüler sind in Uniform – mit Krawatte und Sonnenhut. Auf einem anderen Ausflug wurden die Schüler kühn und baten den Lehrer, sich mit freiem Oberkörper fotografieren lassen zu dürfen. Das war eine sehr ungewöhnliche Bitte an einer Schule, in der strenge Kleiderregeln galten, aber der junge Lehrer identifizierte sich mit seinen Schülern, gab der informellen Atmosphäre nach und willigte ein. Einige wagten es, für das Foto das Hemd abzustreifen, andere blieben bis zum Hals hochgeknöpft. Auch Günther gehörte zu den Bekleideten und zeigt wie immer ein sehr ernstes Gesicht. Selbst als der Lehrer von den Regeln abwich, befolgte Günther diese treu.

Die Bedeutung der Lebensabschnitte und Prozesse, denen der Mensch im Laufe seines Lebens unterliegt, nahm Günther damals sehr gefangen. Dieses Interesse galt auch der zirkularen Wiederkehr der Blüten und Pflanzen im Frühjahr und Sommer und ihrem Verwelken im Winter. Er versuchte, das Wirken der Naturgewalten und den Kampf des Lichts gegen die Dunkelheit zu verstehen. In der griechischen Mythologie und in der Literatur suchte er nach Antworten auf die verborgenen Geheimnisse, die das Leben des Menschen und seine inneren Kämpfe beinflussten. Auch das Schicksal des einsamen verfolgten Juden beschäftigte ihn weiterhin und in seinen Geschichten schrieb er darüber.

Einmal während der Winterferien an einem Wochenende um Chanukka herum hatte sich der 16jährige Günther zuhause eingeigelt. Draußen war es regnerisch und verschneit, dichter Nebel erschwerte die Sicht. Die Dunkelheit und die winterliche Öde machten ihm sehr zu schaffen und er wünschte den Frühling und die sprießenden Pflanzen herbei. Er schrieb in seiner Kladde und stellte der Geschichte „Persephone" ein Zitat von Ibsen voran:

Leben heißt, dunkler Gewalten
Spuk bekämpfen in sich,
Dichten, Gerichtstag halten
über sein eigenes Ich.

(Henrik Ibsen)

Die Gymnasialklasse im Schoße der Natur: Günther Friedländer mit Musikinstrument in der 2. Reihe, zweiter von rechts

Persephone
Oder: Die Frühlingsbotin[14]

Eben hatte der Regen den letzten Schnee und die letzten Wintersorgen weggespült, und ein neuer Frühling ging über die Welt. Persephone[15] nahm Abschied von Pluto, um auf sechs Monate wieder zu ihren Menschenkindern zurückzukehren. Pluto sprach zu ihr: „Traute Gemahlin, mach' alles wieder schön und fröhlich in der Natur, wie damals um die Zeit, da ich dich heimführte. Gib den Bäumen und Gräsern ihr Grün und den Blumen ihre bunten Farben. Beglücke die Menschen mit süßer, Liebe und Freude ausstrahlender Wärme und schenke ihnen im Anfange deines Regiments einen Frühling neuer Hoffnungen!" „Nach deinen Worten will ich handeln", sagte Persephone und wandte sich zum Gehen. „Doch halt!", rief Pluto, „Eins habe ich vergessen, du kennt mein Verbot. Beacht' es wohl! Schenk keinem falschen Juden dein Vertrauen! Nun geh'!"

Persephone stieg bekümmert den Pfad zur Oberwelt hinan, und sobald sie oben war, fing die Sonne an freudiger zu strahlen, die fahlen Gräser richteten sich auf, die Vögel erwachten und weckten mit laut schmetterndem Gesange die Winterschläfer und mahnten die Menschen an den Einzug des Frühlings. Persephone strich über das Land, berührte Bäume und Sträucher mit ihrer Feenhand, dass sie anfingen zu sprießen. Sie ermunterte die Bächlein, wieder fröhlich zu plätschern und rief die Wanderer in die wiedererwachte Natur.

An einem lauen Abend war es, die Sonne sagte gerade ihr letztes Lebewohl, der Mond lachte schon die Erde an und die Sterne strahlten um die Wette, da traf sie einen einsamen Wanderer. Groß, breitschultrig, mit dunkelschwarzem Haar, den Rucksack auf dem Rücken, schritt er in Gedanken vertieft vorwärts. Er schien sie nicht zu bemerken. Sie folgte ihm einen langen Weg, dann machte er Halt und legte sich in das wuchernde Gras, sehnsuchtsvoll der untergehenden Sonne nachschauend. Persephone ließ sich geräuschlos nieder und lauschte seinen feurigenWorten. „Nun gehst du wieder weg von uns", sprach er zur Sonne, „ohne den lang ersehnten Tag der Freiheit mit deinem Scheine beleuchet zu haben. Denn wieder ist es Frühling [in] der Welt geworden, nur mir singt die Göttin nicht ihren Weckruf. Ein ewiger Winter ist ausgebreitet über mich wie finstre Nacht. Sieh' hier, an allen Bäumen geh'n die Knospen auf, rings wird es bunt in göttlicher Natur. Dort unten der Bauer nimmt wieder seinen Pflug zur Hand, um eine neue Saat zu säen. Die Lerchen zwitschern wieder über meinem Haupt und wieder tönt der Ruf der Nachtigall mir an das Ohr. Doch alle Freuden rings in der Natur können mich nicht trösten in all'meinen Leiden. Die warme Frühlingsluft kann den Kummer mir nicht von der Stirn fegen. Nur eine kann's, das ist die hehre Göttin, die allen Menschen Glück und Frühling bringt." Persephone erschrak. Sie hatte den gefunden, der ihre Hilfe leidend erflehte, den Pluto einst in seinem Übermut verbannt, vor dem er sie gewarnt. Ein eisiger Schauer überlief sie. Sie wollte hineilen zu ihm und ihm helfen, ihn glücklich machen und ihm Frühling in das

---

14 Günther Friedländer, *Persephone* (1918), Familienarchiv Nomi Eshhar.

15 In der griechischen Mythologie ist Persephone die schöne Tochter von Zeus, dem höchsten olympischen Gott, und von Demeter, der Göttin der Fruchtbarkeit der Erde und der Ernte. Persephone lebte auf der Erde und nicht wie ihre Eltern auf dem Olymp. Hades – mit lateinischem Namen Pluto – raubte sie und entführte sie in die Unterwelt, in das Reich der Toten, und nötigte sie, Granatapfelkerne zu essen. Die entsetzte und erzürnte Demeter ließ daraufhin die Erde vertrocknen und veröden. Dem Götterboten Hermes gelang es, Persephone zurückzubringen, aber da niemand, der von der Speise der Toten gekostet hat, auf Dauer in der Oberwelt bleiben kann, musste Persephone in den Wintermonaten des Jahres mit Hades in der Unterwelt leben und kehrte erst zur Frühlingszeit in die Oberwelt zurück. Der griechischen Mythologie zufolge symbolisiert der Raub der Persephone und ihre zeitbedingte Rückkehr das Verblühen und Vertrocknen im Winter und das Sprießen und Blühen im Frühling [erweiterte Anm. der Übers.].

Herz geben. Mit furchtbaren Fesseln hielt sie das Verbot des Gemahls zurück. Doch sie fand einen Ausweg. „Wenn ich ihn dir auch nicht selber geben kann, ich will dir raten, wie du ihn erreichst!" Leise schlich sie zu ihm hin und goss ihm einen leichten Schlummer über das Antlitz und tuschelte mit ihm ganz still und so geheimnisvoll, dass niemand jemals es gehört. Dann ging sie glücklich und befriedigt weiter. Der Wanderer erwachte, als leichtes Frührot über den Wipfeln glänzte. „War es ein Traum?", so fragte er erstaunt, „oder war es Wirklichkeit? – Sie war bei mir? Sie hat zu mir gesprochen? – Doch was war es, dass sie sagte? – Ach ja, ich weiß. – Und hat sie Recht? – Wird es je kommen, wie sie prophezeit? – Werd' ich ihn finden, ihn, den heißersehnten Frühling? – Horch, horch! – Es knospt und rauscht! Ich glaub's, der Frühling naht!"

(Günther Friedländer, Ratibor, 22. November 1918)

Der Blau-Weiß-Bund in Ratibor

Die Schule in Ratibor war ein sozialer Mittelpunkt, ein Treffpunkt für Zusammenkünfte und neue Bekanntschaften und hier entstand auch der soziale Kern des regionalen *Blau-Weiß*-Bundes der Stadt. Der jüdische Wanderbund *Blau-Weiß* wurde 1912 von einer kleinen Gruppe junger Juden in Deutschland gegründet, zu denen unter anderen Joseph Marcus, Adalbert Sachs und Dr. Weißenberg gehörten.[16] Viele der jüdischen Jugendlichen entstammten assimilierten Elternhäusern und wollten sich der deutsch-nationalen Jugendbewegung *Wandervogel* anschließen, die 1896 in Berlin ihren Anfang genommen hatte und 1901 als Verein gegründet worden war, jedoch Juden von der Mitgliedschaft ausschloss.

Sie ließen sich jedoch nicht unterkriegen und gründeten ihren eigenen Jugendbund, der im Geiste des *Wandervogels* zur Naturverbundenheit und dem einfachen vorindustriellen Leben erzog, zusätzlich aber dem jüdisch-kulturellen Erbe Rechnung trug. In den ersten fünf Jahren seiner Existenz gehörte die zionistische Ideologie noch nicht zu seinen vertretenen Werten. Erst im Jahr 1917 nach der Balfour-Erklärung[17] fand der Zionismus Eingang in den Wertekatalog und von diesem

---

16 Vgl. „Die Ziele des ‚Blau-Weiß'", November 1913, in: Jehuda Reinharz (Hg.), *Dokumente zur Geschichte des deutschen Zionismus 1882-1933*, Tübingen 1981, Amn. S. 114; Fritz W. Pollack [Bearb.], 50 Jahre Blau-Weiss, Naharia 18.-19. Mai 1962, [Naharia] 1962, S. 6, sowie Hans Tramer, „Jüdischer Wanderbund Blau-Weiß. Ein Beitrag zu seiner äußeren Geschichte", in: *Bulletin des Leo Baeck Instituts*, 17 (1962), S. 23-43 [Anm. der Übers.].

17 Die Balfour-Erklärung ist ein grundlegendes Dokument für die Gründung des Staates Israel. Am 2. November 1917 schrieb der damalige britische Außenminister Arthur J. Balfour in einem Brief an den Zionisten Baron Lionel W. Rothschild, seine Regierung betrachte „die Schaffung einer nationalen Heimstätte in Palästina für das jüdische Volk mit Wohlwollen". Sie werde „die größten Anstrengungen machen, um die Erreichung diese Ziels zu erleichtern". Dabei sollten die Rechte bestehender nicht-jüdischer Gemeinschaften gewahrt bleiben. Die Balfour-Erklärung wurde als Teil der Präambel in das Völkerbundsmandat für Palästina von 1922 aufgenommen [Anm. der Übers.].

Zeitpunkt propagierte *Blau-Weiß* die Verwirklichung der Einwanderung, der *Alija*[18], ernach Erez Israel. Die Vorbereitung, *Hachschara*, für das Leben in Erez Israel bestand in professioneller landwirtschaftlicher Ausbildung und die jungen Anwärter zogen zur Arbeit in Landwirtschaftsbetriebe. Der Jugendbund brachte frischen Wind in das gesellschaftliche Leben der Zionisten in Deutschland, erstarkte und wurde bei der zionistischen Jugend sehr populär. Zwölf Jahre nach seiner Gründung zählte er bereits 3000 Mitglieder und viele Absolventen der *Hachschara* gingen nach Erez Israel und gründeten dort landwirtschaftliche Siedlungen.

Bereits in den 1920er Jahren stießen die Mitglieder der Jugendbewegung in Deutschland auf Antisemitismus. 1926 zogen Absolventen des Jugendbundes – die später den Kibbuz Brenner gründen sollten – in eines der umliegenden Dörfer, um die landwirtschaftliche Arbeit zu lernen und zu erproben. Bei der deutschen Landbevölkerung herrschte damals die Sitte, ihr Lebensmotto auf Schilder zu schreiben, die sie auf dem Dach des Hauses befestigten. In einem der Dörfer, in das die Gruppe gelange, lebte ein Jude, der auf das Schild über seinem Hofeingang geschrieben hatte: „Mein Zuhause ist die Welt."[19] Einer der Dorfbewohner hatte mit Teer darübergeschmiert: „Juden raus". Die ganze Nacht saßen die *Blau-Weiß*-Bündler und diskutierten die Bedeutung des antisemitischen Satzes auf dem Schild und die möglichen Auswirkungen des Antisemitismus. Sie nahmen es als Zeichen für das, was zukünftig kommen sollte, konnten aber nicht im Mindesten ahnen, dass es wirklich geschehen würde.

1926 löste sich der *Blau-Weiß*-Bund auf, die internen Differenzen waren zu groß geworden, die jüngeren schlossen sich in *Kadima* zusammen, einem Bund jüdischer Pfadfinder, die älteren wählten politisch-zionistische Organisationen.[20] Das war das Ende des Jugendbundes in Deutschland, obgleich der *Blau-Weiß*-Bund in Österreich und Tschechien bis in die 30iger Jahre weiterbestand.[21]

Der Name der neuen Bewegung verlieh auch der kleinen jüdischen Gemeinde von Ratibor Flügel, in der zu jener Zeit alteingesessene deutsch-jüdische Familien und Einwandererfamilien aus Osteuropa lebten. Die Einbindung der Einwanderer in die Jugendbewegung war eine Möglichkeit zur Integration in die örtliche Gemeinde.

---

18 Hebr., wörtlich: Aufstieg [Anm. der Übers.].

19 Aus einem Vortrag von Muki Zur, „Bein gvura wehitnagdut" [Zwischen Heroismus und Widerstand], gehalten am 14. Juni 2008 in Yad Vashem.

20 Vgl. Jörg Hackeschmidt, „Jüdische Orthodoxie und zionistische Jugendkultur im frühen zwanzigsten Jahrhundert", in: Andrea Schatz und Christian Wiese [Hg.], *Janusfiguren. „Jüdische Heimstätte", Exil und Nation im deutschen Zionismus,* Berlin 2006, S. 81 [Anm. der Übers.].

21 Vgl. Fritz W. Pollack [Bearb.], *50 Jahre Blau-Weiss*, (Das Jubiläumstreffen des Blau-Weiss), *Naharia 18.-19. Mai 1962*, [Naharia] 1962, S. 30 [Anm. der Übers.].

Die neue Bewegung begeisterte die Ratiborer jüdische Jugend und etwa ein Jahr später, nachdem Familie Friedländer nach Ratibor gekommen war, gründeten die Jugendlichen eine Vertretung des *Blau-Weiß* Bundes in ihrer eigenen Stadt. In Günthers Schule erzählte man sich von der neuen Bewegung und der 11-jährige Günther war begeistert, schloss sich dem Bund an und wurde aktives Mitglied. Dort fühlte er sich unter Gleichgesinnten und fand fruchtbaren Grund, seiner Liebe zum zionistischen Pioniergedanken, seiner Neugier, seiner ungestümen Naturverbundenheit und romantischen Seele Ausdruck zu verleihen. Er war nicht der einzige Neuankömmling in der Schule und in der Jugendbewegung. Auch die Kinder der „Ostjuden" gingen auf diese Schule, aber Günther war ihnen gegenüber im Vorteil: Er war Teil der deutschen Kultur und fest in ihr verwurzelt, sie hingegen waren Fremde. Im Jugendbund traf er sich mit gleichaltrigen Freunden und natürlich auch Mädchen, und nach Ende des Schultages war *Blau-Weiß* sein Lebensmittelpunkt.

Blau-Weiß-Mitglieder in der Natur, Günther Friedländer in der ersten Reihe von unten, zweiter von rechts

Zu den beliebtesten Unternehmungen gehörten Wochenendausflüge zum Picknick mit Freunden. Die Gruppe stattete sich mit Proviant und Gitarren aus und verließ die

Stadt. Die Freunde breiteten Decken aus, saßen und unterhielten sich, aßen, träumten und sangen, doch es war keine völlig gelöste Atmosphäre: auch hier war die strenge Disziplin spürbar. Selbst bei den Ausflügen in den Schoß der Natur trugen die Freunde die gleichen Umhängetaschen und repräsentable Kleidung: Kniebundhosen, Gürtel mit großen Schnallen, geknöpfte Hemden, Jackett, Krawatte und Schuhe mit Kniestrümpfen Alles unter strenger Aufsicht!

Günther war sich damals noch nicht bewußt, dass die Mitgliedschaft im *Blau-Weiss*-Bund ein wegweisendes Ereignis in seinem Leben sein sollte.

Von links nach rechts: Günther Friedländer, Friedl Ashner und Martin Löwe

In Rabitor entstand aufgrund der Freundschaft zwischen Günther und dem etwas älteren Manfred Aschner, der Friedel genannt wurde, auch eine freundschaftliche Verbindung zwischen den Familien Friedländer und Aschner. Die beiden Jungen lernten sich in der Schule und im Jugendbund kennen. Sie teilten die große Liebe zur Natur. Gemeinsam zogen sie zu Ausflügen in die bewaldeten Berge rings um Ratibor, untersuchten Pflanzen, identifizierten ihre botanischen Namen und verfolgten ihr Wachstum in den wechselnden Jahreszeiten und Klimaveränderungen. Ungeduldig sahen sie der Blütezeit entgegen, dem Erscheinen der ersten Knospen der Blumen, dem Reifen der Früchte, dem Keimen und Sprießen der Samen, eine ewige Wiederholung. Sie stritten und wetteiferten, wer zuerst den Namen einer unbekannten Pflanze wusste. In diesen wohltuenden Stunden in der Natur träumten sie auch von dem Tag, an dem sie nach Erez Israel einwandern würden. In ihrer Phantasie bereisten sie das Land und lernten die Namen seiner Pflanzen und Früchte. Jener Tag lag damals noch in weiter Ferne, aber ihre Träume wiesen ihnen den Weg.

Zwölf Jahre lernten die Schüler in der Schule von Ratibor – von der Grundschule bis zum Abschluß des Gymnasiums – mit denselben Lehrern und denselben Freunden. Diese solide, behütete Phase in Günthers Leben dauerte bis zum Ende seiner Schulzeit im Jahre 1920.

3. Student in Breslau und Bern

Noch während seiner Schulzeit im Gymnasium entschied Günther, dass er den gleichen Weg wie sein verstorbener Onkel Max einschlagen und Pharmazie an der Friedrich-Wilhelms-Universität in Breslau studieren wollte. Nach dem Abitur unterzog er sich den Aufnahmeprüfungen für das Pharmaziestudium an der Universität, wurde angenommen, und begann sein Studium 1920. Aber das Studium allein reichte ihm nicht und gleich zu Beginn seiner Zeit an der Universität nahm er Kontakt mit dem zionistischen Studentenverein KJV auf, dem Kartell jüdischer Verbindungen, wurde Mitglied und begann seine aktive Mitarbeit.

Das KJV war die studentische Fortsetzung von *Blau-Weiß*. Günthers praktisches und spirituelles Leben waren in der zionistischen Verbindung zu einem gordischen Knoten verknüpft, er lernte neue Freunde kennen, die ihn bis an sein Lebensende begleiten sollten. An den Wochenenden kehrte er nach Hause zurück, in das elterliche Haus in Ratibor, und schrieb seitenweise seine Erfahrungen und Vorstellungen für die Zukunft nieder. Er schrieb über das Elend der jüdischen Flüchtlinge aus Osteuropa, über das er von jüdischen Studenten aus Polen und Russland erfahren hatte. Die Bekanntschaft mit ihnen und ihrem Schicksal vertiefte seine Verbundenheit mit dem jüdischen Volk und seiner vielfältigen Leidensgeschichte und brachten ihn zu einer klaren und eindeutigen Erkenntnis: Der Platz des sich erneuernden und verjüngenden jüdischen Volkes war im Land der Väter, in Palästina.

Günther schrieb auch ein Theaterstück, das die Geschichte und Verwirklichung eines Traumes und seiner Verwirklichung erzählt: *Jakob der Träumer*. Günther war damals 16 1/2 Jahre alt.

Jakob der Träumer[22]

1.

Warschau beging seinen Feiertag. In der Schneiderstube war der Lärm verklungen. Der Meister verließ das Haus, auch der Gehilfe ging bald darauf, um sein Mütchen in der Schenke zu kühlen. Nur der kleine Lehrjunge – Jakob hieß er – musste trotz des Festtages in der Werkstatt zurückbleiben. Er habe ja keinen Feiertag, hatte der Geselle gesagt, er sei ja bloß – ein Jude! So war er traurig gestimmt und saß wutverbissen und auf Rache sinnend in der Ecke. Aber ach, Rache! Was war das für ein

22 Günther Friedländer, *Jakob der Träumer* (1917) Familienarchiv Nomi Eshhar.

weiter Begriff für ihn! Rache! Ja, konnte er denn überhaupt welche nehmen? Er? – Nein! Er war in der Macht des Meisters und des Gesellen, er war ja nur ein armseliger Judenjunge. Und wie er so nachsann, da kam ihm das auch voll zu Bewusstsein. Er erkannte, wie nicht ihm sondern auch allen seinen Brüdern im weiten Russland die Kehle zugeschnürt und die Hände gebunden seien. – Da kam ihm das kleine Schränkchen an der Wand dort in den Sinn. Flugs sprang er auf und begann zu kramen. Und sieh', was war das eine Überraschung für den wissensdurstigen Jungen! Hefte über Hefte. Er sah sie alle durch. Aber ach! Es waren nur die bekannten Schriften, Schmähblätter über die Juden, Aufforderungen zu Pogromen. Entrüstet warf er die Hefte zurück. In sich zusammengesunken saß er da und klagte laut: „Was haben wir armes Volk getan, daß man uns verjagen will von Hab'und Gut? – Nichts! Nur Leid ist unser Unglück. – O möchten doch die Zeiten wiederkehren, da wir noch eine Heimat hatten!" Tief schluchzte er auf; er dachte zurück an Moses und Josuah, an David und die anderen Könige, und an das Land, den Schauplatz einer jahrtausendlangen jüdischen Geschichte. Haben wir denn noch eine jüdische Geschichte? O ja. Doch ach! Wenn ja die Geschichte eines Volkes wechselvoll und tränenreich war, so war es die Israels. Geknechtet und vertrieben haben die Juden des Westens im Osten Schutz gesucht, nun ihrer einstigen Heimat näher; denn ganz dorthin zurückzukehren schien unmöglich zu sein. Der Osten nun will uns wieder vertreiben, hinausjagen in den Hass der Feindschaften, hinaus ins Verderben, in den Untergang. Sollen wir es leiden? – Nein! Stark genug müssen wir uns fühlen, stand zu halten in den anstürmenden Verleumdungen und Gefahren. Aber sind wir auch so stark? Und wiederum: Nein! Wollen wir es werden? Ja! Der Wille ist da, nur die Tatkräftigen fehlen. – Und was werden wir machen, wenn es uns gelingen sollte, dem Unglück zu entrinnen, werden wir in ein anderes Ghetto gehen oder auf der Landstraße umkommen? – Nur einen Ort gibt es, wo wir Glück und Ruhe finden können; das ist das Land, wo einst unsere Väter, die Männer unserer Geschichte gewirkt haben. Dort werden wir keine engen Gassen bewohnen, nein, draußen in der freien Natur, auf dem Acker und in den Gärten werden wir bauen und säen und ernten. Ein neues Geschlecht wird gleich der neuen Erdfrucht auf diesem Boden erblühen, ein neues Judentum, ein kräftiges Volk. Still ruhen hier im Ghetto alte Geister, und wenn sie emporstreben, werden sie zurückgedrängt. Dort werden sie zur freien Entfaltung kommen. Dort ... Erschreckt fuhr der Knabe aus seinen Träumereien, als er einen Rippenstoß erhielt und der Geselle ihn andonnerte: „Zum Donnerwetter, sehe ich dich schon wieder müßig mit deinen elenden Träumereien? – Ei, gar Tränen sieht man! Ein verweichlichter Bursche wie alle Winkeljuden!" das tat Jakob mehr weh als der unsanfte Stoß. Er raffte sich auf und ging emsig an die Arbeit. Es währte nicht lange, da versammelten sich einige Männer in der Stube, ganz wildfremde Menschen. Doch das eine sah Jakob. Judenfreunde waren es nicht! Sie tuschelten ganz leise mit dem Gesellen. Jakob verstand, so sehr er sich auch anstrengte, kein einziges Wort. Da auf einmal, wird das Gespräch lauter; „Feiglinge!" hört er den einen rufen, der andere erwidert: „Vielleicht der Träumer!" „Faulpelz!" tönt es zu ihm. Was wollen die von mir, denkt er. Auf Hundenamen höre ich noch nicht. Hier werden wir Juden gewöhnlich mit den Hunden gleichgestellt. „Träumer!" ruft der Geselle. Jakob ist unbeirrt. Da vernimmt er endlich seinen Namen, begleitet von einer Unmenge Flüche. Langsam dreht er sich um und geht zum Tisch. „Was wollen Sie von mir?" fragt er kurz. Der eine der Unheimlichen drückt ihn auf einen Stuhl und hält ihm eine schmeichelhafte Rede. Alle irdischen und überirdischen Schätze verspricht er ihm. Jakob hört kaum zu. Ihm wird schwindlig, ekelhaft war dieser Mann, er will aufspringen und davonlaufen. Doch er wird gehalten: „Du bleibst hier, Bürschchen!" Und wieder sitzt er und lauscht aber nur mit halbem Ohr. Mit seinen Gedanken ist er ganz woanders, ferne, fern von hier und jedem Ghetto. Was soll er denn eigentlich? Wozu diese lange Rede? – Da fällt das Wort, das unheimliche, das furchtbare. Er tobt und schreit und erwidert: „Ich, ich soll morden? – Ich, ich ein reiner Jude? – Nein, nein, nimmermehr! Eher, eher ..." Er kommt nicht weiter. Der Atem geht ihm aus. Kraftlos sinkt er zusammen. O Gott, wie schrecklich war das Wort. Einen Mord sollte er begehen, er, und noch für Geld, für Bestechung! Und dann, dann wird es heißen, ein Jude hat gemordet, ein habgieriger Jude, um seine Peiniger abzuschütteln. – Jakob hatte sich beruhigt. Er wollte gehen. Wieder wurde er zurückgehalten. Die Männer feilschten um die Wette. Die Summe wuchs, und je größer der Berg Goldes vor Jakob wurde, desto ekelhafter wurde diesem vor diesen Menschen, desto standhafter wurde er. Er blieb fest. Er hatte keine Furcht mehr. Jegliche Zaghaftigkeit war aus seinen Zügen gewichen. Mit donnernder Stimme hoch aufgerichtet sein armseliges Figürchen schleuderte er den Männern die Worte ins Gesicht: „Ich tue es nicht, nie und nimmermehr! Das ist mein letztes Wort!“ Er trat zum Fenster. „Gott sei Dank, der Meister kommt. Der wird die Mörder schon aus seinem Hause jagen!“ „Was sagt der Schurke, der Verräter!“, tönte es zurück, „Mach' daß du fortkommst, elender Judenhund!“ „Ich gehe schon!“ Jakob geht zum Wandschrank und wirft die Hefte den Verbrechern an die Füße. „So“ ruft er, „Ihr fürchterliches Handwerk ist entdeckt, der Tag des Gerichts naht!“ „Nun warte Bursche, deine Stunde schlägt!“ Jakob hatte das Zimmer verlassen und war hinausgegangen in die finst're Nacht. Sein einzig Hab' und Gut war seine Ehre.

2.

Schon zum zweiten Male nach jenem Abend war die Sonne aufgegangen, als Jakob in Bialystok ankam. Die ärmlichen Kleider hingen ihm in Fetzen vom Körper herab, sein Antlitz war fahl, denn er hatte weder gegessen noch geschlafen, als er allein die Landstraße ging, da dachte er daran, dass tausende seiner Brüder so ziehen mussten, und ihn deuchte, als würde die Zeit nicht mehr fern sein, da alle Juden Russlands so hinausziehen werden. Vertreibung oder Auswanderung? Wer kann es ahnen?!

Jakob trat in das armselige Stübchen seiner Eltern. Ach, hier wohnte das Elend in allen Ritzen. Ihm wurde angst und bange, als er dieses Unglück sah, der Vater lernte gerade und blickte ihn kaum an. Aber die Mutter in treuer Liebe um ihren Einzigen besorgt, sie fand umso schneller Worte des Erstaunens und des Mitleids. „Armes Kind“, klagte sie, „wo kommst du denn jetzt her, so fahl und abgerissen? Du bist wohl gar dem Meister davongelaufen! Haben sie dich schon so schlecht behandelt?“ – „Mampschi, nicht dem Meister bin ich ausgerissen, ich bin geflohen vor der Wut und Schändlichkeit des Gesellen und seiner Genossen.“ Und langsam, in abgebrochenen Sätzen erzählt er den Vorgang in der Schneiderstube. „Ja“, fügt er hinzu, „nur einen Ausweg gibt es für uns; das ist das Heimatland unserer ...“ er wird unterbrochen, als ein alter ehrwürdiger Jude Rebb Chajim in höchster Aufregung hereinstürzt. „Rebb Baruch seinen Sohn sucht man, Euren Sohn! Da lest!“ ruft er und reicht ihm ein Blatt. Jakob wurde kreidebleich. Seine Knie wankten und dachten zusammenzubrechen. Sollte das die Rache sein? Er war hinter den Vater getreten und hatte es gelesen. Was? – „Eine ganz niederträchtige Verleumdung!“ schrie er und sank jammernd in die Arme seiner Mutter. „Ich gemordet? Ich?“ winselte er, „O weh! ... nur fort von hier“, munterte er sich auf, „fort, weit fort!“ Baruch trat zu ihm. „Mein Sohn“, sagte er, „wenn du gemordet hast, so bleibst du hier. Fliehst du, so bist du es nicht wert, noch weiter ein Elternhaus zu haben. Du stürzest uns und dich ins offene Verderben. Nun sprich!“ „Ich habe nicht gemordet! Feigheit! Verleumdung! – O, Vater so geht es allen Juden hier im fernen Osten. Auch Ihr, Ihr werdet es einmal an Eurem eigenen Leibe erfahren. – Soll'n wir es länger dulden? Nein! Hinaus, hinaus, hinüber dort ...“ „Wo willst du hin?“ braust der Vater auf. „Zuerst nach Deutschland, hinüber dann nach Palästina!“ – „Hirnverbrannte Idee, was willst du denn dort treiben? Glaubst du etwa, dass reiche Juden Kinder auf der Straße auflesen, um sie zu erhalten? Werd' ein Handwerker mit ehrlichem Gewerbe!“ „Wohl, Vater, das will ich werden! Ein Handwerker draußen in der freien Natur, in der einen Hand das Winzermesser, in der anderen der Korb mit der Weinlese. Nicht in dumpfen Stuben will ich brüten über dicken Folianten, auch nicht die Nadel führen auf dem Schneidertisch und unter der Tyrannenfurcht. Freiwillig sein! Ein freier Jude, ein freier jüdischer Bauer!“ Betroffen hatten die Anwesenden zugehört. Die Mutter schluchzte. Sie hatte gehofft, aus ihrem Einzigen eine Leuchte der Wissenschaft zu machen. „Willst du mit

Gewalt deine Eltern unglücklich machen?“ ruft sie. „Nein“, erwidert Jakob, „nicht unglücklich, sondern glücklich. Wenn ich die Früchte meiner jungen Arbeit ernte, dann kommt ihr zu mir, dann feiern wir ein Wiedersehen auf heimatlichem Boden.“ Baruch jammerte noch immer, aber seine Worte waren für Jakob Lobeshymnen: „Träumer“ nannte er ihn. O, Träumen, ist das hübsch! Und Jakob träumte wirklich, wie es sein wird, wie es ihm ergehen wird. Schon wähnte er sich mit dem Winzermesser in der ... Er schreckte empor. Nun war es aber höchste Zeit; denn die Dämmerung brach bereits an. Jakob nahm Abschied, nur für kurze Zeit, wie er's der Mutter sagte; doch tief im Herzen dachten beide anders. Was wird die Zukunft bringen? – „Lebt wohl!“ Jakob ging. Er schritt hinaus auf ein weites, weites Feld, genannt die Hoffnung, an seine Fersen heftete sich die Sorge.

Die armen Eltern waren nun ganz alleine. Bald fing es an ihnen gut zu gehen. Die Stube, in der sie wohnten, sah nicht mehr so ärmlich aus, das Angesicht der Mutter nicht mehr so abgezehrt. Ganz oft sagte sie: „O wäre doch mein Jakob hiergeblieben, jetzt wäre er vor Leiden sicher!“ Ach, hätte sie gewußt, dass Jakob besser gewählt hatte als sie, dann hätte sie das nahende Verhängnis geahnt.

3.

Baruchs Geschäft ist gewachsen und mit ihm die Zahl seiner Neider. Borzinow, ein alter Bekannter von uns, – er hatte Jakob damals mit gerichtet und verleumdet – war es, der Schuld trug an dem Unglück treuer Juden. Eines Abends sass er wieder im Wirtshaus – er liebte es, tief ins Glas hineinzusehen, und unterredete sich eifrig mit dem Wirt. Er hatte ihm große Geheimnisse zu erzälen. Mit einem Male aber wurde der Wirt aufgebracht und schrie aus Leibeskräften: „Nein. Nimmermehr!“ und „Nein. Nimmermehr! Das ist mein letztes Wort!“ Wutentbrannt stand Borzinow auf und rief: „So wage ich's alleine!“ und ging.

Der Gerichtssaal war überfüllt. Das ganze Städtchen war auf den Beinen, galt es doch einem interessanten Prozess. Die Einen kamen, um sich zu freuen an dem Unglück eines Juden, die Anderen wieder, um ihn zu verteidigen. Ein Schwirren und Dröhnen ging durch den Raum, Gerüchte wurden weitergegeben, natürlich in der üblen Weise, dass einer noch mehr wusste als der andere. Kurz, es war ein Drunter und Drüber, dem erst die Stimme des Kommisssars ein Ende gebot. Er nahm das Wort und las die Protokolle vor. „Der Getreidehändler Baruch Rostowsky und seine Frau Sara werden angeklagt wegen ...“ – ein Jammerschrei tönte durch die gespannte Stille – „wegen brutalen Mordes an einem Christenkind. Der Kläger wird aufgefordert, den Hergang der Tat noch einmal darzulegen!“ – Und es erhob sich Borzinow! – In einem ununterbrochenen Redeschwall flossen die Lügen von den Lippen des Verleumders. Er erzählte, wie an jenem Abend ein Kindergeschrei aus dem Haus des Juden, ihn, der gerade – ganz zufällig – vorbeiging, aufgehalten habe, wie er im Hausflure die Leiche des blutleeren Christenkindes gefunden habe, wie er durch den Türspalt gesehen haben will, dass Baruch und seine Frau mit dem Blute des Kindes ihre Osterbrote bereiteten und wie er den Schutzmann – er führte ihn als Zeugen an – gerufen habe ... und so sei halt das Verbrechen an den Tag gekommen. Baruch wütete vergebens. Vergebens beteuerte er seine Unschuld; vergebens brandmarkte er Barzinow als neidischen Konkurrenten und Schuft: Alles vergebens! – der Kommissar verkündetet das Urteil: Auf zehn Jahre Verbannung nach Sibirien hatte er – und nicht etwas der Gerichtshof – sondern Borzinow es bestimmt. Ein Freudengeschrei erhob sich im Saale; dazwischen das Klagen der Juden, Siegeshymnen Borzinows und nur von Ferne klang eine Stimme: „Wenn ich die Früchte meiner jungen Arbeit ernte, dann kommt Ihr zu mir, dann feiern wir ein Wiedersehen ...“ Ach, anders war des Schicksals Wille.

4.

Der Frühling hatte seinen Einzug gehalten. Die Promenade in üppigem Grün. Da war jung und alt draußen zu finden, das sich um [...] Durchreisende tummelte. Nur zwei waren es, die dieses Treiben anekelte. Weit draußen auf einer ruhigen, prächtigen Kastanienallee gingen Erna und Simon, ihr Bräutigam, spazieren. Sie hatten sehr viel zu besprechen und achteten daher wenig auf die sprossende Umgebung. Simon erzählte von einem Briefe, den er von der Bundesleitung eines jüdischen Wanderbundes in Berlin bekommen hatte. Er war begeistert für die Idee, in seiner schlesischen Heimatstadt einen solchen zu gründen. Mit seinen Bundesbrüdern hatte er sich bereits in Verbindung gesetzt, und morgen sollte die erste Beratung stattfinden. – Beide ließen [sich] auf einer Bank nieder und sprachen von Hochzeits- und Zukunftsplänen. Da plötzlich sank Erna zurück und schloss die Augen. Bestürzt fragte Simon nach der Ursache. Und als Erna sich vom ersten Schreck erholt hatte, fing sie mit zitterender Stimm an: „Mir ist plötzlich wieder so angst und bange; es ist, als ob ein böser Dämon mich wie ein Schatten auf Schritt und Tritt verfolgen würde. Immer greifbarer naht sich mir dieses Bild, immer näher kommt es und ... oh weh! ... Er ist es!“ „Wer?“ ragt Simon. „Er! ... Rausche! ...“

Ein etwas ältlicher Student war näher getreten. „Meine Herrschaften“, begann er mit gemessenen Worten, „ich glaube, dass Sie von mir soeben gesprochen haben, Fräulein Erna, es ist mir eine hohe Ehre, dass Sie sogar in meiner Abwesenheit an mich denken. Ich hätte das gar nicht von Ihnen erwartet!“ Simon entgegenete: „Es hat den Anschein, als ob der Herr ein intimers Verhältnis mit der Dame hat. Wenn ich störe, dann weiche ich!“ „Du bleibst hier, Simon!“, rief Erna voller Hast. „Du musst mich schützen vor ihm ... vor ihm ... vor dem bösen ...bösen ... Damon!“ – „Mein Herr“, wirft Rausche außer sich vor Wut ein, „es tut mir leid, Ihnen meine Karte reichen zu müssen. Es ist mir ganz offensichtlich, dass Sie mir die Neigung der Dame geraubt haben!“ Simon nimmt das Duell an. Der Fremde geht. Erna wirft sich Simon schluchzend an den Hals. „Lass’ sein Erna“, sagt Simon, so hat es Gott gefallen. Ich weiß, dass ich sterbe werde und wofür! Nun komm’, wir wollen uns vorbereiten auf die letzte Stunde.“

5.

Die Nebel der Stadt hoben die letzten Schleier von der taufrischen Erde und offenbarten weit draußen am Waldesrande eine traurige Szene. Ein Leichnam lag noch stark blutend in dem nassen Grase. Es war Simon. An seinen irdischen Überresten lag Erna jammernd auf den Knien. Doch plötzlich riss sie sich zusammen. Hoch richtete sie sich auf und legte einen erschütternden Schwur ab, zu dessen Zeugen sie nur Gott angerufen hatte. Mit kräftiger Stimme, aber unter Tränen sprach sie: „So gingst du nun hin, Du treue liebe Seele, Du genießest jetzt ewigen Frieden. Dir war es bestimmt, mitzuhelfen beim Aufbau eines neuen Judentums. Du kannst es nicht mehr tun. So schwöre ich denn hier bei deinem Leichnam, Deine Arbeit zu übernehmen. Meinem Volke will ich all meine Kräfte widmen, bis an mein Lebensende. Aus seiner Jugend soll ein kräftiger Stamm emporblühen, der dem alten Israel zu neur Blüte und zu neuem Glanze verhelfen soll. --- ich schwöre bei deinem heil’gen Namen, großer Gott, den Willen dieses teuren Toten durchzusetzen! Langsam hatte sie diese letzten Worte gesprochen. Mit einem markerschütternden Schrei brach sie zusammen ...

6.

Die V-J-St-ler (Verein jüdischer Studenten) waren in ihrem Heim versammelt. Nur einer fehlte: Jakob Rostowsky. Wer ist dieser Jakob? Unser Träumer? Ja, er ist es! Jakob der Schneiderlehrling, der Träumer. „Glaub’mir’s“, sagte Joel Moses zu Hans Blumenthal, „wenn er nicht pünktlich ist, hat er immer Großes vor. – Doch, da ist er schon!“ – Jakob war ins Zimmer getreten. Ist es wirklich unser Jakob? Seine Eltern würden ihn nicht wiedererkannt haben. Ein großer, breitschultriger, junger Mann. Freudig blitzen seine Augen, als er alle schon versammelt sah. Traurig aber wurde wieder ihr Ausdruck, als er Erna erblickte, die ihn an jenes Unglück erinnerte. Mit herzlichen stimmungsvollen Worten würdigte er das Andenken seines toten Bundesbruders. – Dann ging er zu dem eigentlichen Zweck des Abends über. Er entrollte ein gewaltiges Bild von den Zielen und Bestrebungen, von dem Zweck und Nutzen eines jüdischen Wanderbundes. Als er nachher den kleinen Jungens, die er herbeigerufen hatte, vom *Blau-Weiß* erzählte, da entstand eine glühende Begeisterung. Und erst, als er seine Rede mitden Worten schloss: „Denn nur so, ich wiederhole es noch einmal, könnt ihr zu freien, starken Juden heranwachsen, die den Ruhm und die Ehre unseres Volkes von Neuem in höchstem Glanze erstrahlen lassen! Darauf gebt mir eure Hand!“ – Da flogen ihm alle Hände und Herzen in gleicher Liebe zu, und der Grundstock eines jüdischen Wanderbundes *Blau-Weiß* war gelegt. Das war Jakobs Werk.

7.

Zehn lange Jahre waren ins Land gegangen seit jenem Gerichtstage und die Stadt hatte Aussehen und Obrigkeit gewechselt. Nur das eine Häuschen ist – nicht unversehrt, sondern so, wie es der Pöbel nach der Vertreibung der Bewohner gelassen hatte – stehengebleiben. Das ist das Haus des alten Baruch. Im Erdgeschoss hauste noch immer Pruskow, der Wirt und verzapft den Leuten Bier und Neuigkeiten jeder Art. So hatte es sich auch wie ein Lauffeuer durch die Stadt verbreitet, dass Jakob, der kleine schmutzige Judenjunge von früher, der ausgerissene Schneiderlehrling, wieder daheim sei. Die Leute schüttelten die Köpfe und meinten: „So ist also seine frühere Träumerei wirklich bloß ein Traum gewesen!“ – Jakob war indessen in sein früheres Stübchen gegangen und erzählte Pruskow, dem Wirt und Rebb Chajim, dem Hiobsboten, seine Erlebnisse. „Und wie ich zwei Tage so durch Schnee und Kälte gewandert bin, so berichtet er, da setzte ich mich auf die Eisenbahn und fuhr nach der Grenze. Aber ach, diese Fahrt hatte mit mein ganzes Geld greaubt und wie ich dann des Abends im Grenzwirtshause übernachten will – drei Tage hatte ich schon im Freien geschlafen – da ... da... stand ich mutterseelenallein und ganz verlassen da. Aber da kam mir ein Retter. Ein deutscher Jude war es und ein reicher, Rebb Chajim; er hatte Mitleid mit mir und verpflegte mich und da er mich für nicht dumm hielt, versprach er mir, mich nach Schlesien mitnehmen und mich zu erziehen. Ich ging ...“ – „Halt, psst! Tretet hier in diese Nische, es kommt jemand!“ flüstert einer. Sie treten in den Hintergrund. Ein alter Mann mit schneeweißem Haar und Bart, mit einem Krückstock humpelte mühselig ins Zimmer. „Ach!“ murmelte er, „wieder daheim! – Daheim? – Was sage ich? – Ist das die Hütte meines Glück's und meiner Jugend? Ja, so ist es. Aber du, mein trautes Heim und ich, wir haben uns sehr verändert. Oh Gott, welch' Unglück hast Du über mich gesandt?! Vertreiben, alles verloren! Frondienste leisten, das war mein Los. Mein Weib ist weggerissen worden von meiner Seite! Und mein Sohn? – „Auch Ihr werdet es einmal am eigenen Leibe erfahren!“ hat er gesagt. Es ist bittre Wahrheit geworden. – Hier habe ich also vor 10 Jahren einem glücklichen Pesachfeste entgegengesehen! – Ja, es war so; es war einmal!“ Und tief bekümmert denkt er zurück an jene Tage. Dabei überhört er das fieberhafte Atmen, das wie das Wimmern eines eingetreteten Hundes aus der Nische tönt, und auch die Schritte eines eintretenden Weibes. Silbergraues Haar umrahmt die welken Züge des durch Kummer und Unglück gebeugten Mütterchens. Beim Anblick dieser bekannten und doch fremd gewordenen Räume bricht sie in Schluchzen aus und beklagt eine teuren Verlust. Baruch wendet sich um. Und sieh, er schaudert zurück, er muss sich stützen. „Sara, Sara! Mein teures Weib!“ jubelt es in seinem Inneren; aber die Kraft kommt nicht über ihn, sich ihr zu erkennen zu geben. „Wen suchst du?“, fragt er kurz. „Meinen Mann“, ist die ebenso kurze Antwort. Wie heißt er? „Baruch“. Und er hört seinem Namen wieder aus einem liebenden Munde, die Erregung erfasst ihn ganz, er kann sich nicht mehr meistern, die hellen Freudentränen rinnen ihm über die Wangen. Schluchzend fällt er Sara um den Hals und ruft:„Du hast ihn wiedergefunden!“ In inniger Umschlingung verharren sie beide, als plötzlich ein Jubelschrei die friedliche Szene stört. „Mutter! Vater! Meine Eltern!“ ruft Jakob und stürzt tief bewegt in die Arme der erfreuten Eltern. Nun waren sie sich alle wiedergegeben, und ein neues Leben sollte beginnen. Da gab's ein Fragen und Erklären, Erzählen und Zukunftspläne, braust durcheinander. Und Jakob berichtet ihnen kurz seine Erlebnisse. „An der polnischen Grenze“, so sagte er, nahm sich ein reicher deutscher Jude meiner an, Mendelsohn hieß er; in seinem Hause wurde ich erzogen, auf's Gymnasium und die Universität geschickt, und nun bin ich nahe dran, mich als Rechtsanwalt in jener gesegneten Stadt niederzulassen. „Seht, l[iebe] Eltern, so geht es mir gut. Nur einen Wunsch, den hat mir Gott noch nicht gewährt, das ist ...“ Pruskow unterbrach ihn. Er hatte noch eine besondere Überraschung für Baruch. „Seht, sagte er, so ist der Welten Lauf. – Ich will's kurz machen: Ihr seid damals unschuldig gewesen!“ – „Das wusste ich“, sagte Baruch trocken. „Das feige Verbrehen ist gesühnt, durch meine Anzeige. Borzinow und jener Kommissar, sie sind nicht mehr. Euch aber fällt die Beute dieser Schurken wieder zu. Wir gratulieren!“ – Da nahmen Jubel und Freude nun gar kein Ende, und Mutter Erde trug drei glückliche Menschen mehr.

8.

Der dritte Sommer seit jenem Wiedersehen war eingezogen und fand Jakob mit seinen Eltern drüben in der neuen Heimat, in Schlesien. In den festlich geschmückten Räumen Salomon Mendelsohns versammelte sich eine fröhliche Schar zu frohem Feste. Es war ein schönes, stimmungsvolles Bild, als der alte Baruch seiner Schwiegertochter Erna in väterlicher Liebe die Hand drückte und ihr und seinem Sohne Jakob seinen Segen gab. Blau-Weiße, groß und klein, brachten ihren Glückwunsch dar und scharten sich voll Dankbarkeit um ihr junges Führerpaar. Hans Blumenthal war es heute, der mit flammenden Worften den Tag feierte. „Aus doppeltem Anlasse“, so führte er aus, „sind wir heute hier versammelt. In erster Reihe, um unserm lieben Führerbrautpaar zu gratulieren. Wir danken ihnen herzlichst für das, was sie an unserem Bunde geleistet haben. Mögen sie auch ferner hier uns nicht vergessen. Die Wünsche, die wir ihnen heute darbringen, können zusammengefasst werden in dem einen, dass ihnen die Erfüllung ihres Herzensbedürfnis[ses] beschieden sein möge, dass sie die Früchte ihrer Arbeit genießen mögen. Der Herr segne ihre Wege! – Doch noch aus einem zweiten Grunde feiern wir den heutigen Tag.“ Und mit Worten der Dankbarkeit und des Lobes erzählte er von dem Werdegang des *Blau-Weiß*, der heute sein drittes Stiftungsfest begeht, und von der Tatkraft seines Gründers. Von Neuem forderte er zum Gelöbnis der Treue gegen den Bund, gegen das Judentum auf. Und wieder erhebt sich jener Sturm des Dankes und der Begeisterung, wie an jenem Abend vor drei Jahren. Stolz blicken die Kleinen auf ihren großen Führer.

Der Festetrubel ist vorbei. Jakob ist alleine im Zimmer geblieben und überdenkt noch einmal seinen ganzen Lebensweg. „Ich danke Gott“, spricht er mit inbrünstiger Stimme, „dass er mich so weit geführt. All' mein Sehnen hat er erfüllt. Ich lebe inmitten eines neu erblühenden Judentums, ich habe meine Eltern wiedergefunden ... nur eines, das bleibt noch immer mein fernes Ziel: die Rückkehr in das Land unserer Väter und unsere Heimat. Mir wird es nicht mehr beschieden sein; doch diese Kleinen, diese jungen Juden, die werden es erreichen; in ihren Schoß legen wir die Früchte unserer Arbeit, die sie fortsetzten und zum glücklichen Ende führen sollen. Doch dann, wenn ...“ Er kommt nicht weiter. Freudentränen ob der frohen Hoffnung rinnen ihm über die Wangen. Hans war eingetreten. „Er träumt“, sagte er zu Joel. Ja, Jakob hatte wieder geträumt. „Woran hast du jetzt gedacht, Jakob?“ fragt Hans. „An vieles“, ist die Antwort. An etwas Großes, das ich bis jetzt noch nicht erreicht habe!“ „Du hast schon genug geschafft. Lass und auch etwas übrig!“ „Nichts ist genug, was wir für Juda tun! Erst wenn ...“
Und alle drei träumen sie nun und suchen das „wenn“ zu deuten ...
Werden ihre Träume nicht bald in Erfüllung gehen?

(Günther Friedländer, Ratibor, 18.-26. Kislew 5678 / 3.-11. Dezember 1917)

Die Freundschaft mit Kurt

Der *Blau-Weiß*-Bund stellte seine Aktivitäten auch während der schweren Tage des Ersten Weltkriegs nicht ein. Seit 1916 wurde jedes Jahr die Landesversammlung der Bewegung, der Bundestag, in einem der Dörfer oder Provinzstädte Deutschlands abgehalten und Abgesandte aus ganz Deutschland und Österreich reisten an.[23] Die Versammlung wurde zu einem sozialen Treffen und bot Gelegenheit, neue Mitglieder kennenzulernen, sich zu verlieben und von der Zukunft zu träumen. Viele Flüchtlinge zogen in den Kriegstagen zwischen den Städten der europäischen Staaten umher, unter ihnen viele Juden. Die zionistische Weltorganisation wandte all ihre Kräfte auf, um eine Lösung für das in der Diaspora herumwandernde jüdische Volk zu finden.

Am 2. November 1917 gab der britische Außenminister Lord Balfour[24] seine historische Erklärung ab: „Die Regierung Seiner Majestät betrachtet mit Wohlwollen die Errichtung einer nationalen Heimstätte für das jüdische Volk in Palästina." Die Balfour-Deklaration verschaffte der jüdischen Welt Flügel. Die Mitglieder des *Blau-Weiß*-Bundes waren von Lord Balfours Worten sehr beeindruckt und aus ideologischer Sicht war seine Erkärung ein bedeutungsvolles Ereignis für sie.

Von nun an manifestierten sich die Werte der Bewegung im Geiste des Zionismus und der Verwirklichung des Vorhabens, nach Erez Israel einzuwandern und in ihr Land zurückzukehren. Dies fand seinen praktischen Ausdruck darin, dass man sich hebräische Namen gab und in agrarwirtschaftlichen Betrieben arbeitete, um Landarbeit zu lernen und um sich auf die Einwanderung nach Palästina vorzubereiten.

Auf der jährlichen Versammlung des Bundestages 1918 wurde beschlossen, *Blau-Weiß* mit den zionistischen Studentenverbindungen *BJC* und *KJV* zu vereinen, um eine Kontinuität mit den älteren Studenten zu gewährleisten und den Mitgliederkreis zu erweitern. Die Studentengruppe, die sich auf die Einwanderung nach Erez Israel vorbereitete, nannte sich selbst „eine Armee marschiert nach Palästina" und suchte Unterstützung und Förderung durch deutsche zionistische Körperschaften, wie etwa der „Organisation deutsch-zionistischer Einwanderer". Letzere war mit der *Jewish Agency*[25] verbunden und dieser Kontakt ermöglichte die Finanzierung der Ideen und ihre praktische Umsetzung.

---

23 Vgl. Walter Gross, „The Zionist Student Movement", in: LBYI, IV (1959), S. 151-159.

24 Arthur James Balfour, Premierminister Großbritanniens in den Jahren 1902 bis 1905, und seit 1916 Außenminister.

25 Die *Jewish Agency* – hebräisch: *ha-Sochnut ha-jehudit* – ist die offizielle Einwanderungsorganisation des Staates Israel [Anm. der Übers.].

Bundestag des Blau-Weiß-Bundes, Sachsenheim im Juli 1919

Die Satzung des *Blau-Weiß*-Bundes wurde 1922 durch dessen „Bundestag" verabschiedet und in Anlehnung an den Versammlungsort Prunn im bayerischen Altmühltal als „Prunn-Satzung" bezeichnet.[26] Die Verfasser der Satzung waren Mitglieder der Bundesleitung, die aus der Studentenverbindung KJV gewählt worden waren und sich gegenseitig als „Bundesbrüder" bezeichneten.

Im Zuge der allgemeinen Auflagen, die Deutschland im Versailler Vertrag nach dem Ersten Weltkrieg auferlegt worden waren, verschlechterten sich die wirtschaftlichen Lebensbedingungen der Bevölkerung drastisch. Die zionistische Jugendbewegung wurde aber angesichts dieser Erschwernisse keineswegs geschwächt, sondern blühte und gedieh. Ein Jahr nach der Verabschiedung der Satzung fand die Jahresversammlung in Hohenberg statt, einer Stadt nördlich von München, und dort begegneten sich Günther Friedländer und sein Cousin Kurt Grünwald zum ersten Mal – beide als Abgeordnete und Repräsentanten ihrer Ortsgruppen. Günther, Pharmaziestudent der Universität Breslau, war Delegierter der studentischen Verbindung KLV in Deutschland, und Kurt, Student der Wirtschaftswissenschaften der Universität Wien, war Delegierter der Verbindung in Österreich.

26 Vgl. Meybohm, Ivonne, Erziehung zum Zionismus: der Jüdische Wanderbund Blau-Weiss als Versuch einer praktischen Umsetzung des Programms der Jüdischen Renaissance, Frankfurt a.M. 2009, S. 99 [Anm. der Übers.].

Kurt wurde am 18. November 1901 in Hamburg geboren. Seine Eltern waren Margret Bloch und Dr. Max Grunwald, Wissenschaftler und Gemeinderabbiner in der Hansestadt. Sie waren eine wohl etablierte Familie und glühende Zionisten, die ihrem Sohn eine zionistische Erziehung mit tief eingewurzelten Idealen und eine umfassene Bildung zukommen ließen. Bis zu ihrer Begegnung auf jener Versammlung hatten Günther und Kurt nur durch ihre Eltern voneinander gehört. Nun, hier in Hohenberg war die Gelegenheit zu einem ersten Treffen gegeben. Die beiden fanden sofort eine gemeinsame Sprache und begannen Pläne für eine gemeinsame Zukunft in Palästina zu schmieden. Sie beabsichtigten, eine wirtschaftliche Institution zu gründen, die im Geiste des *Blau-Weiß*-Bundes, also unter Voranstellung der Verbundenheit zur Natur, den Aufbau des Landes unterstützen würde. Als Student der Pharmazie und Lebensmittelchemie träumte der 21-jährige Günther davon, seinen Beitrag zur Aufbauarbeit des Landes in Form der Entwicklung von Arzneimitteln auf phytopharmazeutischer Basis zu leisten, wobei die endemische Pflanzenwelt Palästinas als Rohstoffquelle dienen sollte. Der 22-jährige Kurt, Student der Wirtschaftswissenschaften, wollte seinen Beitrag auf dem Gebiet der Wirtschaft und Finanzen und wo möglich auch der Industrie leisten. Ehrengast auf der Jahresversammlung 1923 war der Präsident der zionistischen Weltbewegung, der Chemiker Dr. Chaim Weizmann, der aufgrund seiner Studienzeit in Deutschland fließend Deutsch sprach. Er erzählte den Teilnehmern der Versammlung von seiner Bekanntschaft mit Lord Balfour und forderte die Delegierten der Versammlung auf, nach Erez Israel einzuwandern und mit ihren Qualifikationen beim Aufbau des Landes mitzuwirken. Am Ende seiner Rede konnten die Zuhörer einer nach dem anderen ihre Fragen stellen, die dann später beantwortet wurden. Auch Günther und Kurt meldeten sich und kamen zu Wort.

Kurt war der erste von beiden: „Verehrter Dr. Weizmann, mein Name ist Kurt Grunwald und ich studiere Wirtschaftswissenschaften an der Universität Wien. Ich beabsichtige nach Abschluss meiner Doktorarbeit in drei Jahren nach Palästina zu gehen. Wie kann ich beim Aufbau des Landes und bei der Festigung seiner Wirtschaft behilflich sein? Womit kann ich mich dort beschäftigen, um auch ein Auskommen zu haben?“

Kurt setzte sich und dann war es an Günther. „Verehrter Dr. Weizmann, mein Name ist Günther Friedländer und ich studiere Pharmazie an der Friedrich-Wilhems-Universität in Breslau. Ich werde auch Botanik und Lebensmittelchemie studieren und ebenfalls nach Abschluss meiner Promotion nach Palästina einwandern. Wie kann ich meinen Teil zum Aufbau des Landes beitragen und meinen Lebensunterhalt verdienen?“[27] Dr. Weizmann gab beiden die gleiche

27 Wortlaut beider Zitate nach erinnerter Überlieferung aus zweiter Hand, Angaben von Nomi Eshhar [Amn. der Übers.].

Antwort: „Bereitet euch in eurem Beruf auf Erez Israel vor. Wir werden Fachleute für eine verarbeitende Fein-Industrie brauchen.“[28] Dr. Weizmann war damals etwa 50 Jahre alt und erschien den jungen Leuten als älterer Mann, vertrauenswürdig, verständig und erfahren, der wusste, wovon er spricht. Sie nahmen seine Worte ernst und in diesem Sinn planten sie ihre Zukunft. Kurt sagte, dass er seinen Beitrag zur Wirtschaftsentwicklung in Erez Israel leisten werde, indem er Finanzmittel für die industrielle Entwicklung beschaffen und verwalten wolle. Günther sagte: „Wenn der Tag gekommen ist, an dem wir nach Palästina einwandern, werden wir dort die pharmazeutische Industrie aufbauen. Das ist mein Gebiet und im Geiste von *Blau-Weiß* werden wir sie ‚Teva‘ (Natur) nennen. Wir werden die Medikamente aus natürlichen Substanzen und Pflanzen herstellen, die in Palästina – Erez Israel wachsen.“[29]

„Wir hatten die gute Absicht, der Natur des Menschen zu helfen, mit den Mitteln, die wir aus der Natur gewinnen wollten.“[30]

Die beiden waren damals in ihren frühen Zwanzigern und vor ihnen lagen noch einige Jahre Studium an der Universität bis zum Abschluss ihrer Doktorarbeiten. Der Weg zur Verwirklichung ihrer Träume war noch sehr lang und die beiden Träumer mussten ausreichende Geduld aufbringen.

Die Versammlung war zu Ende und jeder kehrte nach Hause und zu seinen Studien zurück: Günther kehrte nach Breslau zurück und Kurt nach Wien. Doch bevor sie voneinander Abschied nahmen, versprachen sie sich, ihre neue Verbindung aufrechtzuerhalten, gemeinsam weiterzuträumen und sich gegenseitig zum Handeln anzuspornen, um ihre Träume zu verwirklichen. Ab und zu schrieben sie einander und tauschten Neuigkeiten über ihr Leben, ihr Studium und ihre Pläne aus. Kurt beendete seine Dissertation im Fach Wirtschaftwissenschaften im Jahr 1926 und wanderte umgehend in Erez Israel ein, während Günther noch einige Jahre in Deutschland erwarteten. Er hatte noch ein Jahr bis zum Ende des Grundstudiums, plante aber bereits die Fortsetzung seines Studiums bis zur Promotion.

Erste Verbindungen mit Erez Israel

Nach Breslau zurückgekehrt begann Günther Informationen über Heilpflanzen zu sammeln, die in Palästina wuchsen und knüpfte erste Kontakte mit Institutionen in Palästina, die damit zu tun hatten. Als erstes schrieb er zwei Briefe: Der eine war an die „Palestine Zionist Executive“ gerichtet. Er fragte nach Heilpflanzen, die

28 CZA, AK462/3, Sammlung Günther Friedländer, Autobiographischer Abriss [1968].

29 Siehe Anm. 24.

30 CZA, AK462/3, Sammlung Günther Friedländer, Autobiographischer Abriss [1968], S. 2.

wild im Lande wuchsen, und ob es möglich sei, diese als Kultur für die Herstellung von Arzneimitteln zu züchten. Die „Agricultural Experiment Station Tel Aviv" der „Palestine Zionist Executive" antwortete Günther im Februar 1924:

„Es ist uns in unserer Versuchsstation unmöglich gewesen, Wert auf den Anbau von Arzneipflanzen zu legen, weil wir uns mit der Forschung dringender landwirtschaftlicher Probleme beschäftigen, die uns ein festes Programm vorlegt. Auch fehlen uns die für derartige Anbauzwecke notwendigen Gelder. Sie werden vielleicht selbst wissen, wie beschränkt wir in unseren finanziellen Mitteln sind.

Wir haben Versuche mit folgenden Pflanzen in kleinem Maßstabe gemacht: Pimpenella anisum [Anis], Foeniculum officinale [Fenchel], Anethum graveolens [Dill oder Gurkenkraut], Cuminum cyminum [Kreuzkümmel], Coriandrum sativum [Koriander]. All diese Pflanzen gediehen gut. (Ebenfalls Matricaria chamomilla [echte Kamille]).

Nur im Zuchtbeet gezogen: Atropa belladonna [Schwarze Tollkirsche], Origanum Majoranum [Majoran], Thymus officinalis [Thymian]: Auch diese Pflanzen gediehen gut und wachsen auch im ganzen Lande wild.

Für Papaver somniferum album [Schlafmohn] interessieren wir uns sehr, doch ist im chemischen Laboratorium Opium noch nicht auf Morphium-Gehalt und andere Alkaloide analysiert worden.

Von Arzneipflanzen wachsen wild im Lande: Thymian, Menta und Anis, die in einer primitiv eingerichteten Fabrik in Artuf destilliert werden. Gleichzeitig wächst hier wild Glycyrrhiza glabra [Süßholz oder Lakritze].

Wir empfehlen Ihnen, sich wegen all dieser Pflanzen mit dem Direktor unserers Institutes, Herren Professor Otto Warburg[31], Berlin [...] in Verbindung zu setzen, der in kurzer Zeit herzukommen gedenkt. Wenn Sie in der erwähnten Angelegenheit etwas veranlassen wollen, so wird dies am besten dies durch Herren Prof. Warburg geschehen ....

Wenn es Ihnen besonders liegen sollte, Versuche auf diesem Gebiet hier im Lande anzustellen, so sind wir gerne bereit, diese zu übernehmen, wenn die Ausgaben hierfür von Ihnen gedeckt werden. [...]"[32]

Den zweiten Breif schrieb Günther an Friedl (Manfred) Aschner, seinen guten Freund aus Ratibor, der im Januar 1924 nach Erez Israel gegangen war. Er kannte Friedl gut und wusste, dass er sich auf ihn verlassen konnte und seinen Augen nichts verborgen blieb. Friedl hatte in Deutschland ein Studium der Elektrotechnik absolviert, sich eingehend auf seine Einwanderung vorbereitet und sehr gründlich die Geographie und Pflanzenwelt von Erez Israel studiert. Friedl beantwortet Günthers Brief im August 1924 und schilderte seine Eindrücke und sorgfältigen Beobachtungen in farbenprächtigen Details:

---

31 Otto Warburg (1859-1938), Botaniker in Strausberg, Berlin und Jerusalem.

32 Brief von I. Wilkansky an Friedländer vom 11. Febr. 1924, CZA, AK 462/2, Sammlung Günther Friedländer. Vgl. auch Frank Leimkugel, *„Botanischer Zionismus" – Der Kolonialbotaniker Otto Warburg (1859-1938) und die Institutionalisierung der Biowissenschaften in „Erez Israel"*, Botanischer Garten und Botanisches Museum Dahlem, Berlin 2005, Kap. 6, S. 128-182 [Anm. der Übers.].

30.8.1924

Lieber Günther,

Vielen Dank für deine frommen Wünsche. Soweit es geht, werde ich versuchen, sie in Erfüllung zu bringen. Am leichtesten kann das mit deinem zuletzt geäußerten Wunsch geschehen, nämlich einen Bericht zu hören über die Natur des Landes und seine wirtschaftliche Lage, über meine Arbeit etc. Ich nehme an, daß du dir den Killermann[33] beschafft hast und dann kann ich mich auf einige ergänzende Bemerkungen beschränken: Wie sieht es mit der Vegetation im Laufe des Jahres aus? Ich kam im Januar ins Land. Eine Stimmung wie bei uns im Vorfrühling. Die Bäume ohne Laub und aus der feuchten Erde sprossen überall Bündel von schmalen Blättern hervor, in allen Größen. Hauptsächlich sind es Urginea maritima, Asphodelus und Narcissus, die auch bald, abgesehen von Urginea, die im August blüht, zu blühen beginnen. Auch Alpenveilchen sieht man schon. Im Februar ist Saison der Anemonen. Besonders die Abhänge des Karmels sind über und über von diesen herrlichen Blüten bedeckt, die vom brennenden Rot und tiefen Veilchenblau alle Abstufungen bis zum reinen Weiß durchmachen. Im März wird es noch bunter. Blaue Schwertlilien und ein ginsterartiger Strauch, Calycotome spinosa, dessen gelbe Blüten besonders zur Abendzeit ganze Duftwellen vom Karmel herab über die Karmelebene hauchen. Die Bäume fangen an sich zu belauben, der Maulbeerbaum, der hier sehr häufig ist, der Azedarach, der besonders in Sichron und die Robinia pseudoacacia, die speziell in Benjamina vorhanden ist. Die anderen Bäume, wie Ölbaum, Orange, Johannisbrot und wie ich glaube auch Eucalyptus sind immer grün. Die Mandelbäume blühen, die Granaten und auch die Orangen obwohl sie zum Teil noch mit Früchten behangen sind. (Die Haupternte ist Januar – Februar.)

In den folgenden Monaten gibt es noch einige Überraschungen, z.B. die wilden Tulpen mit ihrer Farbenpracht, die herrlichen Gladiolen, die man auf dem Acker als Unkraut findet und einige Aronstabarten von einer Größe und einem Gestank, wie ich es noch nicht erlebt habe. Dann aber wird die Vegatation eintöniger und vor allem immer stacheliger. Im Juni und Juli findet man an Weg- und Feldrändern fast nur Disteln, wilde Artischoken und anderes mehr mit starken Wurzeln, Grundwasserimmergrün, Lederblätter, Erde rotbraun oder grau [...] , das man hier kurzweg unter dem Namen „Stereches" zusammenfaßt. Dafür ist aber den Ufern der Bäche und auf den Kulturfeldern noch reiches Leben vorhanden.

Die Getreideernte – Weizen, Gerste, Hafer – ist zwar schon gegen Schawuoth[34] beendet, die Sommersaat steht aber noch üppig und grün da, obwohl sie gewöhnlich nie einen Tropfen Regen gesehen hat. Die Sonnenblumen, die es hier bis zu einer Höhe von 3 m bringen, mit entsprechenden Köpfen, schneidet man erst im Juli, etwas später den Mais und die Durrha und ganz zuletzt, schon im September erntet man den Sesam.

Die Vegatation der Bachufer hat ihr eigenes Gepräge. Es herrscht da ein starker Wettkampf um das Licht und alles bemüht sich so hoch als möglich zu wachsen. Im Juni sieht man die Natterköpfe

---

33 Es handelt sich hier wohl um den Theologen und Mykologen Sebastian Killermann, der von 1901 bis 1936 außerordentlicher Professor für Anthropologie, Zoologie und Botanik am Königlich-Bayerischen Lyzeum in Regensburg war. Nach der Machtübernahme der Nazis im März 1933 unterschrieb er am 11. November 1933 das sogenannte „Bekenntnis der Professoren an den deutschen Universitäten und Hochschulen zu Adolf Hitler und dem nationalsozialistischen Staat." Killermann hatte 1915 in Leipzig das Werk *Die Blumen des heiligen Landes. Botanische Auslese einer Frühlingsfahrt durch Syrien und Palästina* veröffentlicht [Anm. der Übers.].

34 Schawuot, hebr. für „Wochen", ist das „Fest der Erstlingsfrüchte" und das zweite der drei Wallfahrtsfeste. Außerdem ist es das „Fest der Tora-Gebung", denn an Schawuot wurde die Tora von Gott durch Mosche an das Volk gegeben. Der Name „Wochenfest" leitet sich von den sieben Wochen ab, die von Pessach bis Schawuot gezählt werden [Anm. der Übers.].

(Onosma) von 2 m Länge und mehr. Außerdem ist das Wadi hauptsächlich von aromatischen Labiaten mit Beschlag belegt. Es gibt da Arten von Lavendel und Salbei mit wunderschönen, blau leuchtenden Blütentrauben, Pfefferminz und noch andre, die ich nicht bestimmen kann. Im August fällt man dann vor allem der Fenchel mit seinen gelben, wohlriechenden Dolden auf, die natürlich genau so wie die anderen Pflanzen seiner Umgebung respectable Höhen erreicht. Im Wasser selbst bemerkt man hier häufig wunderschöne Papyrusstauden.

Neben dem Auge darf auch der Magen nicht zu kurz kommen. Wie ist der Tisch im Laufe des Jahres gedeckt? Die Hauptsaison für Gemüse sind die Wintermonate ab Januar. Da gibt es Kraut, Blumenkohl, rote Rüben und Karotten in Hülle und Fülle. Als Obst Apfelsinen bis zum Platzen. April – Mai kommen zaghaft die ersten Tomaten und Kartoffeln heraus, denen im Juni die sogen. Eierfrüchte (hebr. Chazilim) folgen, ([...] mit kindskopfgroßen, schwarz-lila glänzenden Früchten, die in Scheiben geschnitten und gebraten verzehrt werden). Außerdem gibt es von Schawuoth ab alle mögliche Arten von Gurken und gurkenähnliche Speisekürbissen (arab. Kussa). Auch Obst gibt es wieder, nachdem um Pessach herum eine kleine Unterbrechung eingetreten war, der Mischmisch, eine Aprikosenart erscheint auf dem Markt. Dann geht es Schlag auf Schlag, im Juli regnet's Melonen, [...] und anschließend daran gibt es Wein, der hier in seiner Häufigkeit und Billigkeit den Kirschen in Deutschland entspricht. Der Wein wird dann wieder von den Apfelsinen abgelöst. Wer will, kann zwischendurch auch noch frische Feigen essen, die im August reif werden und Sykamoren und Johannisbrot und Kaktusfeigen, was hier alles wild wächst und auch ohne Geld zu haben ist. In der Zeit von Pessach bis Schawuoth, wo kein frisches Obst zu haben ist, ißt man Bananen, getrocknete Feigen u. Datteln und Mandeln. Außer den genannten Früchten gibt es auch noch Nüsse, Äpfel, Quitten, Birnen und Pflaumen u. Granatäpfel, die sind aber nicht so allgemein. Oliven werden im Oktober gerntet und in Salzwasser eingelegt. An ihren Genuß muß man sich erst gewöhnen, dann aber schmecken sie ausgezeichnet. Das ist so in großen Umrissen unser Küchenzettel. Erwähnen will ich noch, daß man mit Bewässerung natürlich auch den ganzen Sommer hindurch Gemüse haben kann.

Man könnte glaube ich noch eine ganze Menge schreiben, über Sorten beim Wein, bei den Apfelsinen, z.B. die große Jaffaorange mit der dicken Schale und der grünen Kappe und die kleine Beirutorange, über Anbau und Pflegemethoden, die Orangen pardassi müssen das ganze Jahr bewässert werden im Gegensatz zu den anderen Pflanzungen, aber wo ist dann überhaupt ein Ende. Ich will Dir überhaupt einen Rat geben. Wenn du etwas von mir wissen willst, so darfst du mich nicht so allgemein anfragen, über die Flora des Landes oder über seine wirtschaftliche Lage, das sind doch Themata, bei denen man sich fürchtet anzufangen, weil das Aufhören so schwer ist und weil zuviel Zeit auf die Auswahl des Stoffes verloren geht.

Wenn du dich danach richtest, werde ich mich das nächste Mal leichter zum Schreiben entschließen.

Ich verbleibe mit vielen Grüßen

Dein Freund
Manfred Aschner[35]

Am 3. Juli 1925 starb Adolf Aron[36], Günthers Vater, an Komplikationen, die von seiner Diabetes herrührten. Bei seinem Tod war er 56 Jahre alt. Paula blieb allein zurück, weit weg von ihrem einzigen Sohn Günther, der in Breslau in seine

35 Brief von Manfred Aschner vom 30.8.1924 an Günther Friedländer, CZA, AK462/11, Sammlung Günther Friedländer.

36 Adolf Aron Friedländer (6.12.1869-3.7.1925).

Examensprüfungen und Aktivitäten in der Studentenverbindung vertieft war. Wer würde nun anstatt seiner für den Unterhalt der Familie sorgen? Wer würde Günthers Studium bezahlen? Bis zum Tode ihres Mannes begnügte Paula sich mit ihrer Aufgabe als Hausfrau und half ihrem Mann gelegentlich, wenn Not am Mann war. Nun, vereinsamt, entschied sie, angesichts der Umstände nicht zu resignieren, sondern Adolfs Position als Filialleiter der Schuhfirma Konrad Tack zu übernehmen. Durch ihre Besuche bei ihrem Mann während seiner Arbeitszeit und durch seine Erzählungen war Paula mit der Arbeit in der Filiale in Teilen vertraut, und hatte ihn mehr als einmal beraten. Die Firmenleitung kannte die Familie gut, unterstützte Paula in ihrem Vorhaben und war sehr erfreut, dass die Filiale in Ratibor der schweren Umstände zum Trotz in den Händen der Familie Friedländer verbleiben würde.

Die Eltern von Günther Friedländer: Adolf und Paula Friedländer

Else Kober versprach, Günthers weiteres Studium zu finanzieren und der junge Student verpflichtete sich, nach Abschluss seiner Promotion und der darauffolgenden Praktikumszeit bei Else in der Apotheke zu arbeiten.

Im April 1926, neun Monate nach Adolfs Tod, trat Günther zum Staatsexamen in Pharmazie an, das folgende Fächer beinhaltete: allgemeine Chemie, medizinische Chemie, Botanik, Pharmakognosie[37], Physik, Arzneimittelgesetz und Arzneimittelzulassung. Er bestand das Examen mit großem Erfolg.

37 Die Pharmakognosie oder Drogenkunde ist die Lehre von den biogenen – also pflanzlichen oder tierischen – pharmazeutischen Drogen, Arzneimitteln und Giftstoffen. Die moderne deutsche Fachbezeichnung für Pharmakognosie lautet pharmazeutische Biologie.

Professor Tschirch – der große Lehrer

Professor Alexander Tschirch (1856-1939)[38], die große Koryphäe unter den Pharmakognosten und Verfasser des *Handbuchs der Pharmakognosie* – ein bis heute vielfach konsultiertes Werk – lehrte bis 1890 als Leiter der chemischen Abteilung am Pflanzenphysiologischen Institut der Königlichen Landwirtschaftlichen Hochschule in Berlin, und folgte dann einem Ruf als ordentlicher Professor der Pharmazie und Pharmakognosie an die Medizinische Fakultät Bern. Von 1896 bis 1899 wirkte Tschirch auch als Dekan der Medizinischen Fakultät.

Er war Pharmakognost für Arzneipflanzen, Experte für Bestimmung und Verwendung von Arzneimitteln und galt als bedeutendster und bekanntester Pharmazeut und Botaniker im deutschsprachigen Raum.

Seit Günther an der Universität studierte, hörte er über ihn und studierte seine Lehrbücher und noch vor Ende seines Studiums hatte er beschlossen, dass er seine Promotion und die folgende Praktikumszeit bei ihm absolvieren wolle. Kurz vor Beendigung seines Grundstudiums nahm Günther Kontakt mit Tschirch auf und bat ihn, seine Doktorarbeit zu betreuen. Der große Lehrer nahm ihn als Doktorand an und nach seinem Abschluss in Breslau ging Günther an die Unversität Bern. Dort studierte er ein Jahr und drei Monate Botanik, pharmazeutische Chemie, allgemeine Botanik und Geologie und reichte am Ende seiner Berner Studienzeit im Juli 1927 seine Doktorarbeit ein. Die Dissertation widmete er Paula Friedländer , auf der ersten Seite stand als Zeichen tiefer Wertschätzung: „Für meine Mutter". Das Thema der Arbeit lautete: „Entwicklungsgeschichtliche Untersuchungen im Gebiete der Pharmakobotanik und Pharmakochemie" und wurde mit „summa cum laude" bewertet.[39]

Während der gesamten Referendarzeit in Bern setzte Günther seine Mitgliedschaft und Aktivität in der Studentenorganisation KJV fort und betrachtete sie als Bindeglied für die Zukunft und seiner Vision, die Pharmaindustrie in Palästina aufzubauen.

Im Labor in Breslau

Noch während der Promotionsprüfungen trat Günther mit Dr. Erwin Rupp (1852-1956) vom Institut für Pharmazie der Universität Breslau in Kontakt, um zur

38 Vgl. Amnon Michlin, *Ma'ase rokeach*: *prakim betoldot harokchut be'erez jisrael* [Zur Geschichte der Pharmazie in Eretz Israel], Tel Aviv 1999, S. 108. Vgl. auch François Ledermann, Schweizer Apotheker-Biographie, Bern 1993, S. 339-342.

39 CZA, AK462/3, Sammlung Günther Friedländer, Blatt betitelt: „Persönliche Daten".

Mitarbeit im Institut angenommen zu werden und sein Studium abzuschließen. Rupp reagierte positiv auf seine Bewerbung, akzeptierte ihn als Assistenten und Günther kehrte mit der Promotionsurkunde der Universität Bern nach Breslau zurück. In Breslau betreute Günther die Pharmaziestudenten in den letzten beiden Semestern ihres Studiums. Der professionelle und menschliche Kontakt mit den Studenten faszinierte ihn und er widmete ihren Problemen und inneren Konflikten viele Stunden.

Günther selbst wurde von Dr. Rupp betreut und spezialisierte sich auf quantitative Analytik der fetten und ätherischen Öle sowie der Drogen nach den Vorschriften des Deutschen Arzneibuchs. Des weiteren oblag es ihm, Gifte in aktiven chemischen Substanzen, im Natriumkakodylat und bei der Herstellung von Palmitaten sowie Steroiden zu untersuchen. Während seiner Arbeit als Assistent veröffentlichte er Artikel in der *Apotheker-Zeitung*. Einer der Artikel den Titel „Zur Bestimmung des Arsengehalts des Natrium kakodylicum D.A.B.6“. Hier ein Auszug:

„Zur Bestimmung des Arsengehalts des Natrium kakodylicum D.A.B.6

Von G. Friedländer

Die Vorschrift des D.A.B.6 für die Mineralisierung und Bestimung des Arsen in Natrium kakodylicum ist von J. Herzog[40] kritisiert worden. Herzog sagt zusammenfassend: „Wir haben beim Arbeiten nach dieser Vorschrift keine guten Erfahrungen gemacht.“ Auf Anregung von Herrn Prof. E. Rupp habe ich untersucht, inwiefern Unzulänglichkeiten bestehen und wodurch sie gegebenfalls verursacht werden.

Das Arzneibuch läßt 0,2 g Substanz in 5 ccm Wasser lösen und nach Zusatz von 10 ccm Schwefelsäure 2,5 g „fein gepulvertes“ Kaliumpermanganat „in kleinen Anteilen unter Umschwenken“ eintragen. Nach zwanzigstündigem Stehen bei Zimmertemperatur soll zunächst im Wasserbade langsam auf 100° erwärmt und darauf auf dem Drahtnetz 15 – 20 Minuten erhitzt werden. Das erkaltete Gemisch wird mit insgesamt 50 ccm Wasser in ein Kölbchen übergespült und die Lösung durch einige Kristallchen Oxalsäure entfärbt. Nach dem völligen Erkalten werden 2.0 g Kaliumjodid hinzugefügt, worauf die Lösung nach halbstündigem Stehen mit 1/10 Normal-Natriumthiosulfatlösung ohne Zusatz eines Indikators bis zur Entfärbung titriert wird.

Herzog betont besonders die Notwendigkeit, den Mineralisierungsansatz vor dem Erwärmen 20 Stunden bei Zimmertemperatur stehen zu lassen, sonst können heftige Explosionen stattfinden. Ich konnte wohl auch Verpuffungen beobachten, derartige Schwierigkeiten traten jedoch nur ein, wenn das Kaliumpermanganat nicht genügend fein gepulvert war oder auch, wenn die ersten zugesetzten Anteile zu reichlich bemessen waren. Benutzte ich sehr fein gepulvertes Kaliumpermanganat, so konnte ich ohne irgendwelchen Nachteil und ohne zwanzigstündiges Warten, auch nach der Originalvorschrift von E. Rupp[41], die der Arzneibuchanweisung zugrunde liegt, verfahren.“[42]

40 Originalreferenz für obigen Artikel: J. Herzog und A. Hanner, *Die chem. u. physik. Prüfungsmethoden des D.A.B.6*, Berlin 1928, S. 392 [Anm. der Übers.].

41 Originalreferenz für obigen Artikel: E. Rupp, *Arch. d. Pharm.* 256, S. 194 [Anm. der Übers.].

Doktoranden mit Prof. Tschirch, Günther Friedländer in der obersten Reihe, Fünfter von links

Zusätzlich zu seinerArbeit als Assistent und Forscher qualifizierte er sich in organischer Arzneimittelchemie und Arzneiforschung und absolvierte seine Famulatur mit der Staatsprüfung in Lebensmittelchemie im Institut von Dr. Klopstock und Kowerski in Berlin. Ende 1929 wurde Günther Friedländer die Pharmazeutische Approbation erteilt:

„Dr. Phil. Günther Friedländer[43]

geboren am 8. April 1902 in Königshütte

[der] am 26. April 1926 die pharmazeutische Prüfung vor dem Prüfungsausschuß in Breslau mit dem Urteil „sehr gut" bestanden und die Bestimmungen über die praktische Beschäftigung nach Ablegung der Prüfung mit dem 1. September 1929 erfüllt hat, wird ihm hierdurch die

Approbation als Apotheker

Für das Gebiet des deutschen Reiches gemäß § 29 des Reichsgewerbeordnung erteilt.

---

42 Günther Friedländer, Zur Bestimmung des Arsengehalts des Natrium kakodylicum D.A.B.6. In: *Apothekerzeitung. Organ des deutschen Apotheker-Vereins*, 35 (1929), [Sonderabdruck, ohne Seitenangabe].

43 CZA, AK462/1, Sammlung Günther Friedländer.

Berlin, den 5. November 1929.
Der preußische Minister für Volkswohlfahrt
Im Auftrage
Dr. Schopohl

Approbation für
Dr. phil. Günther Friedländer
als Apotheker
I Nr. Pr. 3646

Verwaltungsgebühr 10 RM

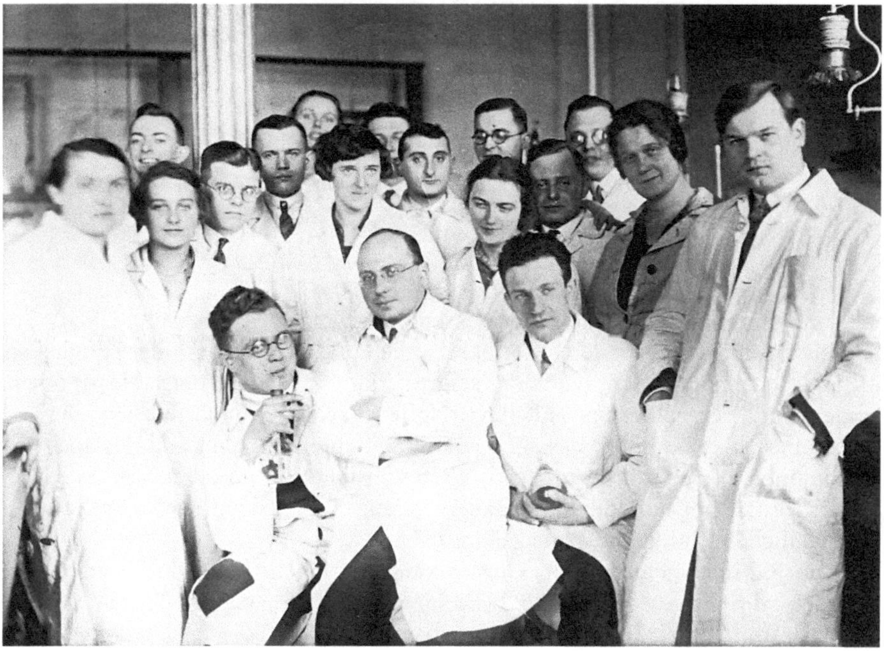

Günther Friedländer (Mitte) als Assistent im Labor in Breslau

Der Umzug nach Görlitz

In Görlitz erwartete Günthers Tante Else geduldig, bis er seine Studien abgeschlossen hatte und kommen würde, um die Leitung der Kronen-Apotheke zu übernehmen. Günther hatte es indes nicht eilig: die Arbeit als Pächter an der Seite der schwierigen Else schreckte ihn etwas ab, außerdem liebte er das akademische Leben, die Arbeit mit den Studenten, er unterrichtete, forschte und entwickelte gerne.

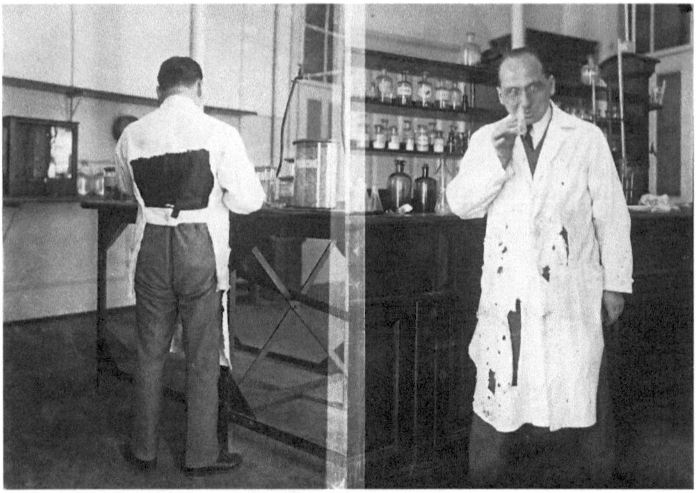

Nach Abschluss des Promotionsexamens, Bern, Juli 1927

Geduldig, ruhig – aber nicht nachlassend – schaffte Else es schließlich, dass Günther von der universitären Tätigkeit abließ und die Arbeit in der Apothekenoffizin begann. Jahrelang hatte sie sein Studium finanziert, hatte die Apotheke anderweitig verpachtet und auf ihren Neffen gewartet – und nun war die Zeit gekommen, dass Günther das Joch auf seine Schultern nahm und den ihm vorbestimmten Posten antrat. Im April 1930 zog Günther im Alter von 28 Jahren nach Görlitz, um dort die Apotheke zu leiten. Der Umzug nach Görlitz sollte maßgeblichen Einfluß auf seine Zukunft haben.

Die jüdischen Familien in Görlitz kannten sich untereinander und zu den Kunden, die Kobers Apotheke besuchten, gehörten auch Rechtsanwalt Paul Mühsam mit seiner Frau Irma sowie deren 18jährige Tochter Charlotte. In der Stadt ging damals das Gerücht um, dass die jüdische Gemeinde einen neuen jüdischen Apotheker hat, jung, ungebunden, und Zionist mit jeder Faser seiner 248 Glieder. Gelegentlich warfen junge jüdische Mädchen der Stadt einen Blick in die Apotheke oder traten ein, um etwas zu kaufen und bei dieser Gelegenheit den jungen Mann zu begutachten. Tante Else hielt mit der Schilderung von Günthers hervorragenden Eigenschaften, dem Neffen des verstorbenen Max, nicht hinter dem Berg, und die Gemeindemitglieder bemerkten, dass das Lächeln auf ihre ernsten und gestrengen Lippen zurückgekehrt war. Günther – klein gewachsen, mit Glatze und bebrillt – war weit davon entfernt, gutaussehend zu sein, aber er zog Menschen mit seinem Humor an, mit seinem Können, mit seiner ernsten und intellektuellen Haltung und seinem glühenden Zionismus. So lernte er Charlotte kennen und gesellte sich schnell zum Zirkel der Zionisten in Görlitz.

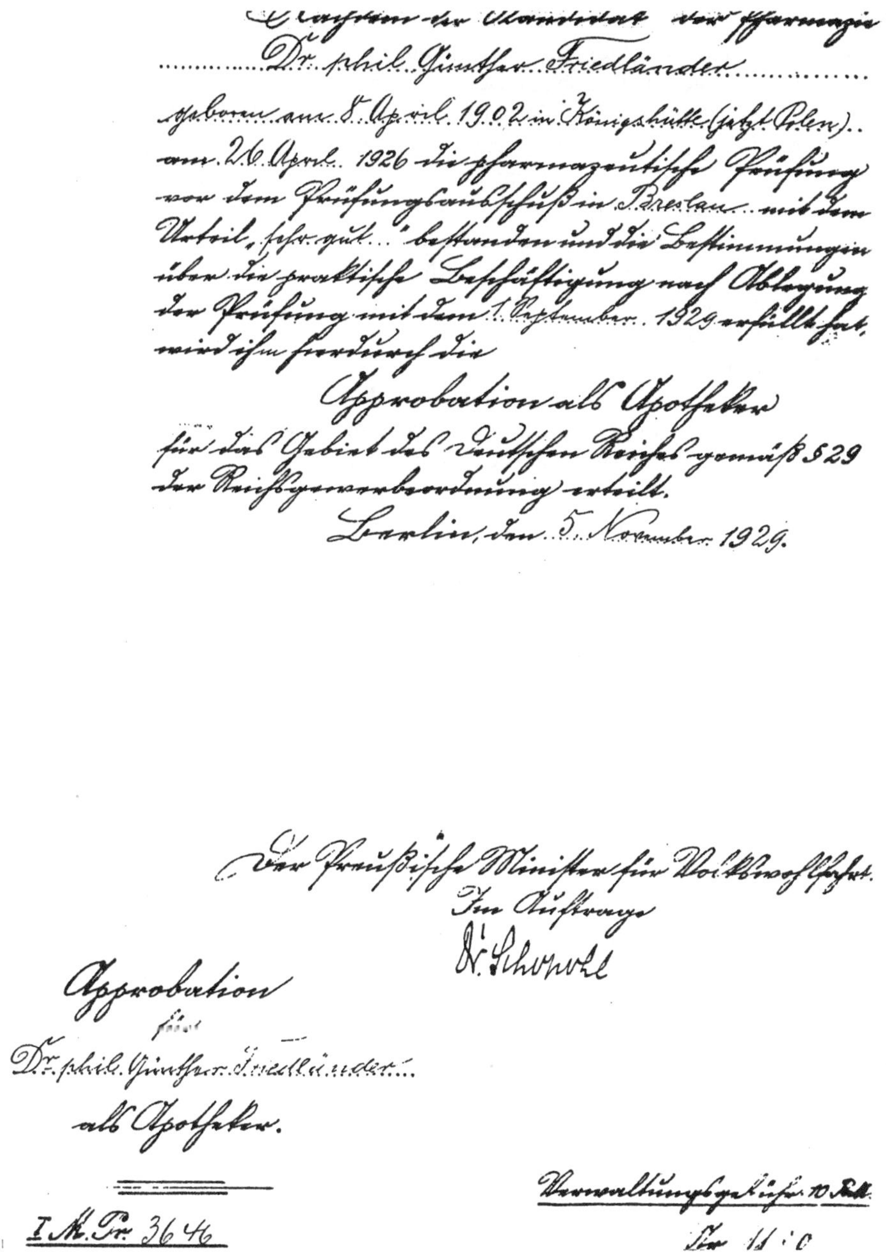
Nachdem der Kandidat der Pharmazie

Dr. phil. Günther Friedländer

geboren am 8. April 1902 in Königshütte (jetzt Polen)
am 26. April 1926 die pharmazeutische Prüfung
vor dem Prüfungsausschuß in Breslau mit dem
Urteil „sehr gut" bestanden und die Bestimmungen
über die praktische Beschäftigung nach Ablegung
der Prüfung mit dem 1. September 1929 erfüllt hat,
wird ihm hierdurch die

Approbation als Apotheker

für das Gebiet des Deutschen Reichs gemäß § 29
der Reichsgewerbeordnung erteilt.

Berlin, den 5. November 1929.

Der Preußische Minister für Volkswohlfahrt.
Im Auftrage
Dr. Schopohl

Approbation
für
Dr. phil. Günther Friedländer
als Apotheker.

Verwaltungsgebühr 10 RM

I M. Pr. 3646

Die Approbation als Apotheker, 1929

Charlotte, die von allen Lotte genannt wurde, war ein empfindsames und romantisches Mädchen. Obgleich sie 10 Jahre jünger war als Günther, nahm sie sein Herz gefangen. Die Liebe zwischen den beiden blühte und nach einem Jahr, im Jahr 1931, heirateten sie. Charlotte wollte nach Beendigung des Gymnasiums den Beruf der Sozialarbeiterin erlernen, aber der erstarkende Antisemitismus ließ das nicht zu und stattdessen begann sie, in der Apotheke mitzuarbeiten. Sie hatte einen ausgesprochenen Sinn für Ästhetik, sie illustrierte die Arzneiverpackungen und arrangierte auch die Schaufensterdekoration. Obwohl das Thema von ihren eigenen Interessen weit entfernt war, zollte sie den schwierigen Zeiten ihr Tribut, und aus Loyalität zu ihrem Mann und aufgrund der guten deutschen Erziehung, die sie erhalten hatte, die sämtliche Tätigkeiten des Haushalts sowie die Selbstverständlichkeit einschlossen, ihrem Eheman zur Seite zu stehen, verzichtete sie auf die Verwirklichung ihrer eigenen Wünsche und konzentrierte sich darauf, Günther zu helfen. Gemeinsam gestalteten sie das Schaufenster der Apotheke. Er lieferte die Ideen und plante, Lotte sorgte für die Durchführung. Günther sah das Schaufenster als Werbeträger und Visitenkarte dessen, was den Kunden beim Eintritt in die Apotheke erwarten würde. Für die Gestaltung des Schaufensters und seinen Beitrag zur Apothekergemeinde erntete Günther viel Lob in einem Artikel der Apothekerzeitung vom August 1931, der von Apothekenwerbung handelt:

„Drei gelungene Lösungen des Schaufenster-Problems

Ein freundlicher Zufall hat uns als willkommene Ergänzung der Ausführungen über die Aufgaben des Schaufensters im Dienste des Apothekers drei Bilder von Apothekenschaufenstern zugehen lassen, die als Musterbeispiel für den wertvollsten Schaufenstertyp, das Lehr- und Demonstrationsfenster, gelten können und die wir deshalb unseren Lesern nicht vorenthalten wollen. Es handelt sich um Dekorationenn der Kronen-Apotheke in Görlitz, deren Inhaber, Herrn Dr. G. Friedländer, man zu seiner geschickten Arbeit um so mehr beglückwünschen kann, als die ausgezeichnete Wirkung mit verhältnismäßig geringen finanziellen Mitteln, in der Hauptsache durch persönliches Geschick und liebevolles Nachdenken über die im eigenen Betrieb steckenden Möglichkeiten, erzielt wurde. Die näheren Einzelheiten, die im folgenden hierüber mitgeteilt werden, verdanken wir ebenfalls Herrn Friedländer selbst.

Das erste Fenster, trägt, wie man sieht, das publikumswirksame Motto: „Das Auge des Gesetztes wacht“ – also eine Werbeschlagwort, das in der Apothekenpropaganda eine große Rolle spielen sollte und könnte. [...]

„Geheimnisse aus der Apothekenküche“ ist das Motto des zweiten Fensters, wobei allerdings der Text gleich erkennen läßt, was für real-wissenschaftliche Geheimnisse gemeint sind. [...]

Über die Herstellung der Dekoration und deren Kosten teilt uns Herr Friedländer mit: „Die Entwürfe, die Zeichnungen der großen Rückwandplakate, [und] ein Teil der Zeichnungen [...] stammen von mir persönlich, Glassachen, Apparaturen usw. aus dem Bestande meines Laboratoriums. Die Druckschilder wurden von einer auch sonst für mich arbeitenden Druckerei zum Gesamtpreis von RM 16.50 angefertigt. Die Staffage ist aus Kistenhölzern von meinem Haushälter gezimmert und mit dem zum Fenster gehörigen Papier überzogen worden. Verwendet wurde sogenanntes Kinopapier, das relativ lichtbeständig ist. Die ungefähren Gesamtkosten dürften auf Grund der Eigenarbeit mit RM 35-40 hoch genug angesetzt sein.“

Zusammenfassend können wir Herrn Dr. Friedländer für seine Werbearbeit, die tatsächlich im Interesse des ganzen Standes begrüßt werden muss, nur Dank sagen, – der gute Erfolg wird ihr bestimmt nicht versagt bleiben."[44]

Schaufenster der Kronen-Apotheke in Görlitz

44 „Drei gelungene Lösungen des Schaufenster-Problems", in: *Apotheken Werbung, Beiblatt der Apotheker-Zeitung*, hg. von Walter Korach, Berlin, 1. August 1931, S. 17-19.

4. Schicksalsjahr

Veränderungen seit 1933

Das Chanukkafest des Jahres 1932 fiel in die letzte Dezemberwoche und wie jedes Jahr feierten die Mitgleider der zionistischen Vereinigung in Görlitz das Fest mit einem rauschenden Ball. Günther trug viel zum Gelingen des Balles und war der „Star“ des Abends. Er hatte Regie geführt bei einem Stück, das vom Krieg der Juden gegen die Griechen handelte und am Ende des Schauspiels hielt er sogar eine Rede über die Geschichte des jüdischen Krieges gegen Rom, der im 1. Jahrhundert in Palästina stattfand und nach dem Bericht des jüdischen Historikers Josef ben Matitjahu (oder mit seinem lateinischen Namen Josephus Flavius) folgendermaßen begann:

„Die Schilderhebung begann ein gewisser Matthias, der Sohn des Asamonäus, ein Priester vom Dorfe Modein, unterstützt von einer kleinen Schar der Seinigen, zunächst der fünf Söhne, die er hatte. Er erdolchte den Bakchides und floh dann auf der Stelle aus Furcht vor den zahlreichen Besatzungstruppen in die Berge. Sobald er aber aus dem Volke einen starken Zuwachs bekommen hatte, wagte er sich wieder herab, besiegte in offener Feldschlacht die Feldherren des Antiochus und jagte sie aus Judäa hinaus. Nachdem er endlich auf seiner Siegeslaufbahn noch zur höchsten Macht emporgestiegen und zum Lohne für die Vertreibung der Fremden die Herrschaft über das eigene Volk mit dessen vollkommener Zustimmung erlangt hatte, segnete er das Zeitliche und hinterließ die Herrschaft seinem ältesten Sohne Judas.“[45]

Den Krieg der Hasmonäer gegen die Griechen sah Günther als unwiderlegbares Beispiel, aus dem er die Analogie ableitete, wenn auch die Juden seiner Tage um ihre Zukunft kämpfen würden – sie würden siegen. Er sah die Schrift an der Wand, die Zeichen, die auf Sturm standen, die in Deutschland aufsteigende Nazipartei unter Vorsitz von Adolf Hitler und ihr Verhältnis zu Juden, und er verstand, dass die jüdische Geschichte sich wiederholte und „in jeder Generation kommen welche, um uns auszulöschen.“[46] Er beendete seine Rede mit einem bewegenden Appell an die Görlitzer Juden, nach Palästina einzuwandern.

45 Flavius Josephus, *Geschichte des jüdischen Krieges*; aus dem Griechischen übersetzt von Philipp Kohout, Linz 1901, S. 36 f., Buch 1, Kap. 1, 3; <http://de.wikisource.org/wiki/Juedischer_Krieg/Buch_I_1-9> (8. August 2011).

46 Lied aus der Pessach Haggada.

Zwei Tage später feierte Europa den Beginn des neuen Jahres. Paul Mühsam, Günthers Schwiegervater, schrieb über denselben Tag in seiner Autobiographie: „Als die Sylvesterglocken das Schicksalsjahr 1933 einläuteten, ahnten wir nicht, was es uns an innerlichen und äußerlichen Umwälzungen bringen werde, obwohl schon die ersten Sturmzeichen drohend sich bemerkbar machten.“[47] Ende Januar 1933 gewann Hitlers nationalsozialistische Partei die Wahlen zum deutschen Reichstag und Hitler wurde als Reichskanzler vereidigt. Der politische Wechsel hatte Auswirkungen auf jeden einzeln Bürger Deutschlands und ganz besonders auf die Juden, und somit auch auf das Schicksal von Günther Friedländer und das seiner Familie.

Verhaftung Günther Friedländers

Sofort nach der Machtübernahme der Nazis kam es zu ersten antisemitischen Ausschreitungen und die Nationalsozialisten bemühten sich, ihre „Theorie der Rassenhygiene“ durch Liquidation – „Ausmerzung“ im Nazijargon – von „Fremdrassigen“ zu verwirklichen, die ihrer Meinung nach neben der arischen „Herrenrasse“ als „minderwertig“ galten. Juden standen außerhalb der Rassenhygiene und galten als „Untermenschen“, und ihre Liquidierung hatte oberste Priorität. In den nationalsozialistischen Zeitungen und vielen regionalen Blättern wurden gegenüber Juden Ansichten vertreten, die die deutschen Juden zutiefst irritierten, denn sie sahen sich als deutsche Bürger, deutscher als die Deutschen selbst – oder wie sie sich selbst nannten: „Deutsche jüdischen Glaubens“. Die Schrift stand nicht nur an der Wand, sie wurde von allen Wänden geschrien. Die Nazis erließen andauernd neue antijüdische Gesetze, jeden Tag gab es eine neue antijüdische Verordnung. Am 29. März riefen die NS-Führung zum Boykott jüdischer Geschäfte und Unternehmen auf, der am 1. April, einem Schabbat begann. Die folgenden Anordnungen wurden von der Parteileitung an alle Ortsgruppen und Organisationen der NSDAP gerichtet:

Punkt 1
In jeder Ortsgruppe und jeder Organisationsgliederung der N.S.D.A.P sind sofort Aktionskomitees zu bilden zur praktischen planmässigen Durchführung des Boykotts jüdischer Geschäfte, jüdischer Waren, jüdischer Ärzte und jüdischer Rechtsanwälte. Die Aktionskomitees sind verantwortlich dafür, dass der Boykott keinen Unschuldigen, um so härter aber die Schuldigen trifft.

---

47 Paul Mühsam, Ich bin ein Mensch gewesen: Lebenserinnerungen, Berlin 1989, S. 222.

Punkt 8
Der Boykott setzt nicht verzettelt ein sondern schlagartig. In dem Sinne sind augenblicklich alle Vorarbeiten zu treffen. Es ergehen die Anordnungen an die S.A. und S.S., um vom Augenblick des Boykotts ab durch Posten die Bevölkerung vor dem Betreten der jüdischen Geschäfte zu warnen. Der Boykottbeginn wird durch Plakatanschlag und durch die Presse, durch Flugblätter usw. bekanntgegeben. Der Boykott setzt schlagartig Samstag, den 1. April, Punkt 10 Uhr vormittags ein. Er wird fortgesetzt so lange, bis eine Anordnung der Parteileitung die Aufhebung befiehlt.

Punkt 9
Die Aktionskomitees organisieren sofort in Zehntausenden von Massenversammlungen, die bis in das kleinste Dorf hineinzureichen haben, die Forderung nach Einführung einer relativen Zahl für die Beschäftigung der Juden in allen Berufen entsprechend ihrer Beteiligung an der deutschen Volkszahl. Um die Stosskraft der Aktion zu erhöhen, ist diese Forderung zunächst auf drei Gebiete zu beschränken: a) auf den Besuch an den deutschen Mittel- und Hochschulen, b) für den Beruf der Ärzte, c) für den Beruf der Rechtsanwälte.

Punkt 11
Die Aktionskomitees sind dafür verantwortlich, dass sich dieser gesamte Kampf in vollster Ruhe und grösster Disziplin vollzieht. Krümmt auch weiterhin keinem Juden auch nur ein Haar! Wir werden mit dieser Hetze fertig einfach durch die einschneidende Wucht dieser aufgeführten Massnahmen. Mehr als je zuvor ist es notwendig, dass die ganze Partei in blindem Gehorsam wie ein Mann hinter der Führung steht [...].[48]

Die Nazis legten ihre Aktionen gegen Juden immer auf den Vorabend von Schabbat und Feiertagen oder auf Schabbat und Feiertage selbst, und so war es auch diesmal. Der Beginn des Boykotts wurde auf einen Schabbat gelegt, weil viele der deutschen Juden säkular oder assimiliert waren und ihre Geschäfte auch am Schabbat fortführten. In Görlitz wie auch an anderen Orten gingen die örtlichen SA und SS-Männer eigene Wege und verlegten den Boykott vor auf Freitag – offenbar, um auch die religiösen Juden in ihr Netz gehen zu lassen, deren Geschäfte in den Morgenstunden des Freitag geöffnet waren.

Am selben Morgen wurden in Görlitz plötzlich alle jüdischen Rechtsanwälte verhaftet, unter denen sich auch Rechtsanwalt Mühsam befand, Charlottes Vater.[49] Die Anwälte, die gemeinsame Kanzleien mit christlichen Anwälten unterhielten, wurden vorher von ihnen gewarnt und konnten sich in Sicherheit bringen. SA-Einheiten besetzten das städtische Gerichtsgebäude, drangen in sämtliche Zimmer der Richter und Anwälte sowie in die Sitzungssäle ein, brüllten: „Juden raus" und trieben die Juden mit Gummiknüppeln aus dem Gebäude hinaus. Die Juden wurden in Reihen aufgestellt und zwischen ihnen postierten sich die SA-Männer.

48 „Boykott-Aufruf. Die elf Punkte der N.S.D.A.P." In Auswahl zitiert aus dem digitalen Archiv Marbach, StAM 165-3982, Bd. 10, <http://www.digam.net/expo/ns-revolution-1933/judenboykott-1933/bilder04.htm> (9. August 2011) [Anm. d. Übers.].

49 Vgl. die Darstellung der Ereignisse in Paul Mühsams Autobiographie *Ich bin ein Mensch gewesen: Lebenserinnerungen*, Berlin 1989, S. 223- 230 [Anm. d. Übers.].

Weitere Kolonnen von Juden aus allen Teilen der Stadt wurden genötigt, durch die Straßen zum Gericht zu marschieren und der Gruppe, die aus dem Gerichtsgebäude getrieben wurde, angeschlossen.

Das Schicksal der jüdischen Ärzte desselben Tages in Görlitz nahm aufgrund des Mutes des Vorsitzenden des arischen Ärztevereins einen anderen Lauf. Ihm gelang es, die Verhaftung und den Marsch durch die Stadt zu verhindern. Am selben Morgen erreichte Günther die Apotheke und begann seine Arbeit. Plötzlich erschien ein SA-Trupp und zog ihn gewaltsam auf die Straße, verriegelte die Apotheke und brachte an der Front des Hauses ein Schild an, auf dem stand, dass dies eine jüdische Apotheke und der Eintritt verboten sei. Umringt von den mit Gummiknüppeln bewaffneten SA-Männern schloss Günther sich der ersten Reihe der Gruppe von jüdischen Kaufleuten und Rechtsanwälten an. Der Jude, der neben ihm marschierte, wurde gezwungen, ein Schild zu tragen, auf dem geschrieben stand: „Wir alle lesen die Volkszeitung." Das war eines der typischen von den der Nazis verwendeteten Stereotypen, demzufolge alle Juden Kommunisten seien, denn die Volkszeitung war das sozialdemokratische Blatt in Görlitz, die verhafteten Anwälte und Kaufleute aber lasen entweder die deutsch-nationalen *Görlitzer Nachrichten* oder den demokratischen *Neuen Görlitzer Anzeiger*.[50] Der Konvoi erreichte das Gericht und Paul Mühsam, der dort festgehalten wurde, sah plötzlich seinen Schwiegersohn Günther. Keiner wusste von der Verhaftung des anderen und sie fühlten sich entsetzlich gedemütigt. Der Konvoi der Juden wurde durch die Straßen der Stadt dirigiert, bis sie zum Rathaus gelangten und dort wurden sie in die Rathaussäle verbracht.[51] Mühsam erinnert sich: „Wir tauschten leise unsere Vermutungen über das uns bevorstehende Schicksal aus. Die Situation war für uns alle eine erstmalige, und kein Präzedenzfall konnte uns einen Hinweis geben. Das wahrscheinlichste schien uns, dass beschlossen sei, uns an die Wand zu stellen. Günther hoffte, dass wir wenigstens nicht noch vorher gequält werden."[52] Die Stunden vergingen in zäher Langsamkeit und außerhalb der Mauern des Rathauses brüllten die Massen der Anhänger der nationalsozialistischen Partei Hetzparolen gegen Juden.

Um halb neun abends wurden die meisten der Festgenommenen entlassen – mit Ausnahme der Jüngeren, zu denen Günther gehörte. Er verbrachte die Nacht in Haft und wurde erst in den Morgenstunden entlassen. Der Schock war riesig: Man hatte sie ins Gefängnis gesteckt wie gewöhnliche Verbrecher, nur weil sie Juden waren?! Sie, die gesetzestreuen Juden und loyalen Bürger Deutschlands?!

---

50 Vgl. Paul Mühsam, *Ich bin ein Mensch gewesen,* S. 228 [Anm. d. Übers.].

51 Vgl. auch *Neuer Görlitzer Anzeiger*, 31. März 1933.

52 Vgl. Paul Mühsam, *Ich bin ein Mensch gewesen*, S. 230 [Anm. d. Übers.].

Am Sonntag, den 2. April 1933 veröffentlichten die *Görlitzer Nachrichten* einen Aufruf von Julius Streicher:

„Boykott zunächst nur heute Sonnabend
Abflauen der Deutschenhetze im Ausland festzustellen. – wenn jedoch nicht völlig aufhört, Wiederaufnahme des Boykotts am Mittwoch

Aufruf des Zentralkomitees zur Abwehr der jüdischen Greuel- und Boykotthetze

Heute vormittag 10 Uhr beginnt der Abwehrkampf. Dieser Kampf ist von dem deutschen Volke nicht gewollt. Es ist ihm aufgezwungen worden. Die Boykottierung jüdischer Geschäfte, Ärzte, Rechtsanwälte usw. stellt lediglich eine Gegenmassnahme dar gegen die von den in- und ausländischen Juden betriebene Greuel- und Boykottidee gegen das deutsche Volk. Der deutsche Abwehrkampf wird mit dem Augenblick sein Ende gefunden haben, mit dem die Verantwortlichen der jüdischen Internationale die von ihnen heraufbeschworene Greuel- und Boykotthetze gegen Deutschland einstellen. [...]

Gez. Julius Streicher“[53]

Die *Görlitzer Nachrichten* druckten auch die Anordnung des deutschen Justizministers vom 1. April 1933:

„Erlaß des Justizministers gegen die jüdischen Richter und Anwälte

Berlin, 1. April. Um der durch den Abwehrboykott erregten Volksstimmung keine Angriffsflächen zu bieten, hat der kommissarische pr. Justizminster Kerrl die Anweisung erlassen, dass alle jüdischen Richter zu beurlauben bzw. am Betreten des Gerichts zu hindern sind. Jüdische Laienrichter sollen nicht mehr einberufen werden, Rechtsanwälte nur im Verhältnis der jüdischen Einwohnerzahl auftreten dürfen. [...]“[54]

Und eine weitere Nachricht desselben Tages:

„Die Waren- und Kaufhäuser schließen freiwillig

Berlin, 1. April. Der Verband deutscher Waren- und Kaufhäuser hat allen Mitgliedsfirmen, die dem Boykotterlaß unterliegen, die Schließung ihrer Geschäfte bis Montagabend empfohlen.

Diese Schließung bezweckt mit Nachdruck die von der Reichsregierung als notwendig gebilligte große Protestaktion gegen die lügenhafte Greuelpropaganda des Auslandes zu unterstützen. Es soll dem Auslande durch die freiwillige und vorübergehende Schließung der Ernst der Situation klar gemacht werden.“ [55]

Das Naziblatt *Oberlausitzer Frühpost* veröffentlichte am 1. April 1933 eine weitere Anordnung von Streicher:

53 *Görlitzer Nachrichten*, Sonntag, 2. April 1933, Nr. 79, Titelblatt.

54 Ebd.

55 Ebd.

„Zeigt dem Judentum die Zähne
Der Boykott setzt ein – Aufruf an das deutsche Volk
Das Zentralkomitee ordnet an:

München, 1. April. Für die heute, den 1. April 1933, vormittags beginnende Abwehrreaktion gegen die jüdische Greuel- und Boykotthetze werden die örtlichen Aktionskomitees angewiesen, strengstens darauf zu achten:

1) Daß jede Gewaltanwendung unterbleibt. Geschäfte dürfen seitens des Komitees oder dessen Beauftragten nicht geschlossen werden. Andererseits darf eine vom Inhaber selbst vorgenommene Schließung nicht verhindert werden. Das Betreten jüdischer Geschäfte durch S.A. oder S.S. oder sonstige Beauftragte des Aktionskomitees ist strengstens untersagt. Die Abwehrposten haben lediglich die Aufgabe, das Publikum darauf aufmerksam zu machen, daß der Inhaber ein Jude ist.
2) Daß die Boykottierung jener Geschäfte unterbleibt, bei denen nicht einwandfrei feststeht, ob der Inhaber Jude ist.
3) Daß nicht durch Provikateure Sachbeschädigungen veranlaßt werden, die dem Zweck der Abwehrreaktion zuwiderlaufen.
4) Daß durch S.A. und S.S.-Kontrolleure die Aktionskomitees über den Verlauf der Abwehrreaktion bis ins Kleinste unterrichtet und ständig auf dem laufenden gehalten werden.
5) Plakate aufreizenden Inhalts sind verboten.

Zentralkomitee zur Abwehr der jüdischen Greuel- und Boykotthetze.
gez. Streicher“[56]

Nach der Entlassung aus der Haft hielt Rechtsanwalt Paul Mühsam der seelischen Belastung nicht stand und erlitt einen Nervenschock. Er fuhr zu Verwandten außerhalb von Görlitz, um sich zu beruhigen und zu erholen. Günther hingegen war klar, was er zu tun hatte. Bereits drei Monate zuvor, seit die Nazis die Macht übernommen hatten, hatte er verstanden, dass Juden in Deutschland keine Zukunft haben und dass er und seine Familie nach Palästina einwandern müssen, doch der entscheidende Impuls zum Handeln kam in der Haft. Noch in den Stunden des Umzugs als Verhafteter durch Görlitz und während er im Gefängnis saß, fiel seine Entscheidung, seine Einwanderungspläne nach Palästina zu verwirklichen und das Pharmaunternehmen TEVA zu gründen. Er wollte keine Minute länger bleiben. Die Demütigung der Inhaftierung deprimierte ihn nicht, sondern beförderte nur sein energisches Handeln und während er noch auf seine Entlassung wartete, plante er bereits die Reise nach Erez Israel.

Nach 24stündiger Haft kehrte Günther nach Hause zurück und schrieb einen Brief an seinen Cousin, Freund und Partner für das Palästina-Unternehmen, den Ökonom Dr. Kurt Grunwald, der bereits seit acht Jahren in Erez Israel lebte. Günther erzählte ihm, wie es ihm in den letzten Tagen ergangen war und dass er beschlossen habe, Palästina zu besuchen, bevor er sich endgültig dort niederlassen würde. Er bat Kurt, ihm bei der Sondierung der konkreten und erforderlichen

56 Oberlausitzer Frühpost, 1. April 1933.

wirtschaftlichen Bedingungen für die Gründung eines Pharmaunternehmens behilflich zu sein, sowie ebenfalls bei der Planung für seine Familie.

Aber das war nicht alles. Günther musste auch seine engste Familie überzeugen und natürlich seine Tante und Geschäftspartnerin Else Kober. Nicht alle sahen die Zukunft mit Günthers Augen und die Gespräche waren schwierig. Else, damals 47 Jahre alt und leidgeprüft, sah sich nicht den Ort verlassen, an dem sie aufgewachsen war und ihr ganzes Leben verbracht hatte, um ins ferne Palästina in der „asiatischen Wüste" zu ziehen. Ihrer Meinung nach war das noch weiter weg als das Ende der Welt. Aber Günther ließ nicht nach. Er überzeugte sie, dass sie die Apotheke samt Inhalt verkaufen müssten und mit dem Geld ein Pharmaunternehmen in Palästina gründen würden. Else wusste, dass ihr Neffe ihre Kraftquelle war, er war sehr stur und resolut, und ohne ihn würde sie die Apotheke nicht weiterführen können. Aber erst nach Günthers Haft und nachdem sie die Auswirkungen des Boykotts sah, den die Nazis jüdischen Geschäften auferlegt hatten, ließ sie sich überzeugen. Seit dem Boykott betraten die Kunden in Apotheke nurmehr heimlich und mitten in der Nacht.

Am Freitag, den 7. April 1933 wurde eine weitere antijüdische Verordnung erlassen. Das „Gesetz zur Wiederherstellung des Berufsbeamtentums" – das erste rassistische Gesetz – verbot Juden mit sofortiger Wirkung die Arbeit im öffentlichen Dienst. Hier der Wortlaut der Nachricht, wie sie am selben Tag in den *Görlitzer Nachrichten* veröffentlicht wurde:

„Rassische Reinigung des deutschen Volkes
Reichskanzler Hitler nimmt die Befreiung des deutschen Kultur- und Geisteslebens von rassefremden Elementen in Angriff

Berlin, 6. April. Reichkanzler Hitler berief heute den Kommissar der ärztlichen Spitzenverbände, Dr. Wagner, zur Berichterstattung über die Gleichschaltung der Ärzteschaft. Danach empfing er Vertreter der Vorstände der Ärzteschaft unter Führung von Geheimrat Dr. Stauder, Nürnberg. Reichskanzler Hitler gab eine ausführliche Darlegung seiner Ansichten und Absichten zur Reinigung des Volkes und namentlich der intellektuellen Schichten von fremdstämmigem Einfluß und rassefremder Durchsetzung. Er betonte, dass man durch baldige Ausmerzung der Überzahl jüdischer Intellektueller aus dem Kultur- und Geistesleben Deutschlands dem natürlichen Anspruch Deutschlands auf arteigene geistige Führung gerecht werden müsse.[...]" [57]

Die ständig neu erlassenen Gesetze ließen Günther seinen Überzeugungsfeldzug auch bei seinem Schwiegervater Paul Mühsam vorantreiben, dass auch er es ihm gleichtun müsse und nach Palästina einwandern solle. In Folge seiner Haft war auch Paul überzeugt, dass er und seine Familie in Deutschland nichts mehr zu erwarten hatten und er entschloss sich zur Auswanderung, jedoch zunächst nicht nach Palästina. Er glaubte nicht, dass er sich im Alter von 47 Jahren noch als

57 *Görlitzer Nachrichten*, Freitag, 7. April 1933, Nr. 83, Titelblatt.

Anwalt im unterentwickelten Palästina würde zurechtfinden können. Er sah auch nicht, wie seine Frau Irma ihr wohnliches, gepflegtes Heim zugunsten dieses nahöstlichen Landes verlassen würde und hätte es daher vorgezogen, nach Holland zu gehen. Dieser Plan allerdings ließ sich aufgrund der herrschenden, deutschen Devisengesetzgebung nicht realisieren.[58]

Als einer der aktiven Mitarbeiter des zionistischen Büros, das im Leben der Görlitzer Juden fest verwurzelt war, wandte Günther sich an die zionistische jüdische Gemeinde und präsentierte ihr anhand von Beweisen und Beispielen der jüngsten Ereignisse und Zeitungsartikeln, dass die Lage der Juden in Deutschland und die ihnen zuteil werdende Behandlung sich weiter verschlechtern werde. Wer seine Haut, seine Familie und seinen Besitz retten wolle, müsse aufstehen und nach Palästina auswandern. Erez Israel brauche und erwarte sie, um sich zu entwickeln und zu gedeihen und nur dort könnten Juden sich sicher fühlen. Günthers feurige Rede, sein Selbstbewusstsein und seine charismatische Persönlichkeit taten das ihre und unter seinem Einfluss begannen die Görlitzer Juden sich auf die Einwanderung nach Erez Israel vorzubereiten. Dies war jedoch nicht einfach und sie mussten einen langen schwierigen Prozess durchlaufen.

Die während der anhaltenden Weltwirtschaftskrise in den Jahren 1931-1932 erlassenen und durch die Nationalsozialisten erneuerten Gesetze, wie etwa die „Reichsfluchtsteuer“, untersagten die Möglichkeit, jüdischen Besitz aus Deutschland auszuführen und kühlten die Bereitschaft der Juden zur Auswanderung ab.

Während der Wirtschaftskrise hatte das Deutsche Reich Gesetze erlassen, die die Ausfuhr von Fremdwährung verboten, um die Kapitalflucht zu verhindern. Die Zionistische Organisation Deutschlands war bemüht, die Verbindung zwischen den deutschen Juden und dem zionistischen Apparat in Erez Israel zu verstärken und suchte nach Wegen, die Gesetze zu umgehen. Die Idee war, die bestehende deutsche Gesetzgebung auszureizen, die Auswanderen ermöglichte, monatlich 200 Mark bis zu einer Gesamtsumme von 15000 Mark auszuführen, um sich im Auswanderungsland zu etablieren und so jüdisches Kapital nach Erez Israel zu bringen und auf diesem Wege den Export von Zitrusfrüchten aus Palästina nach Deutschland zu unterstützen. Das Ziel der Organisation bestand darin, die deutschen Juden zu retten, und es gelang ihr, ein Abkommen mit der deutschen nationalsozialistischen Regierung zu erreichen, die ihrerseits die Juden loswerden wollte. Das Abkommen ermöglichte den Juden, die nach Erez Israel auswandern, Hartwährung in Höhe von 1000 Pfund Sterling auszuführen und eine Einwanderungsgenehmigung als Kapitaleigentümer der Kategorie A1 von der britischen Mandatsmacht zu erhalten.

---

58 Vgl. Paul Mühsam, *Ich bin ein Mensch gewesen,* S. 240 f. [Anm. d. Übers.]..

Einzelpreis 10 Pf.

Oberlausitzer Frühpost

Für Freiheit und Brot

Heut Minister Pg. Dr. Goebbels rechnet mit den Juden ab!

2. Jahrgang – Nr. 78 | Görlitz, Sonnabend, den 1. April 1933 | Herausgeber: Helmuth Brückner

Zerreißt das Netz der Greuellügen

Zeigt dem Judentum die Zähne!

Der Boykott setzt ein

Aufruf an das deutsche Volk

Achtung! Achtung!

Das Zentralboykottkomitee ordnet an:

Deutsche und ausländische Proteste gegen die Greuelhetz

Systematischer Aufklärungsfeldzug aller gutgesinnten Elemente

Titelblatt der Oberlausitzer Frühpost, 1.4.1933

Das Abkommen löste allerdings nicht die Probleme derjenigen Juden mit geringerem oder höherem Kapital als der festgesetzten Summe. Zur selben Zeit begannen Verhandlungen über die Ausfuhr von jüdischem Kapital aus Deutschland in Form von deutschen Waren, die nach Palästina exportiert wurden. Diese Schritte wurden von Dr. Chaim Arlosoroff eingeleitet – ein Mann der Arbeiterpartei, Mitglied der Jewish Agency und Leiter ihrer politischen Abteilung. Das Unternehmen stand jedoch im Widerspruch zu den umgekehrten Bemühungen seitens der revisionistischen Bewegung[59] unter Zeev Jabotinsky, der einen weltweiten jüdischen Bann auf alle deutsche Waren initiierte.

Günther und die zionistischen Görlitzer Juden waren teilweise über diese Vorgänge informiert und wussten, dass es ihnen oblag, die damit zusammenhängenden Hindernisse zu überwinden, wenn sie auswandern und ihr Leben vor der ihnen drohenden Zukunft retten wollten.

Erkundungsreise nach Palästina

Bereits Ende des Jahres 1917 formulierte Günther in seiner Geschichte *Jakob der Träumer*, die hier im dritten Kapitel eingefügt wurde, seine visionäre Überzeugung:

> „Nur einen Ort gibt es, wo wir Glück und Ruhe finden können; das ist das Land, wo einst unsere Väter, die Männer unserer Geschichte gewirkt haben. Dort werden wir keine engen Gassen bewohnen, nein, draußen in der freien Natur, auf dem Acker und in den Gärten werden wir bauen und säen und ernten. Ein neues Geschlecht wird gleich der neuen Erdfrucht auf diesem Boden erblühen, ein neues Judentum, ein kräftiges Volk. Still ruhen hier im Ghetto alte Geister, und wenn sie emporstreben, werden sie zurückgedrängt. Dort werden sie zur freien Entfaltung kommen.“[60]

Die Vorbereitungen zu der Erkundungsreise nach Palästina verzögerten sich um zwei Monate. Während dieser Zeit geschah etwas sehr Schwerwiegendes, das die deutschen Juden betraf. Die nationalsozialistische „Deutsche Studentenschaft“ hatte beschlossen, im Monat Mai auf allen Straßen Deutschlands Bücher jüdischer Denker, Schriftsteller und Kulturschaffender zu verbrennen. In den Straßen des Reiches wurden Ankündigungen plakatiert, auf denen die Gründe für die Verbrennung der von Juden verfassten Büchern standen und die vor versammel-

---

59 Zeev Jabotinsky gründete in den frühen 20er Jahren die revisionistische Partei, die „Vereinigung der revisinistischen Zionisten“. Der revisionistische Zionismus war eine Weiterentwicklung von Herzls politischem Zionismus und befürwortete eine Überprüfung der zionistischen Ideale. Sein hauptsächliches Ziel bestand darin, Chaim Weizmanns moderater Politik gegenüber der britischen Mandatsmacht entgegenzuwirken [Anm. der Übers.].

60 *Jakob der Träumer* (1917, Familienarchiv Nomi Eshhar.

ter Gemeinde zum Zeitpunkt der Aktion verlesen werden mussten. In den „Zwölf Thesen wider den undeutschen Geist“, der den Hochschulen seit dem 8. April 1933 vorlag, heißt es im 5. und 7. Abschnitt: „Der Jude kann nur jüdisch denken. Schreibt er deutsch, dann lügt er. [...] Wir fordern deshalb von der Zensur: Jüdische Werke erscheinen in hebräischer Sprache. Erscheinen sie in deutsch, sind sie als Übersetzung zu kennzeichnen.“[61]

Die zentrale Bücherverbrennung fand am 10. Mai 1933 unter der Leitung des Propagandaministers Joseph Goebbels auf dem Opernplatz in Berlin statt. Etwa 20000 Bücher aus der dem Opernplatz nahegelegenen Berliner Universitätsbibliothek wurden dort verbrannt. Goebbels war eingeladen, um die Hauptrede zu Ehren der Verbrennung jüdischen Geistes und Kultur und seiner Auslöschung zu halten. Zur selben Zeit und an den darauffolgenden Tagen fanden Bücherverbrennungen von jüdischen Autoren in ganz Deutschland statt. Unter den Büchern, die auf die Scheiterhaufen geworfen wurden, befanden sich auch die Bücher des Rechtsanwalts Paul Mühsam. Die Verbrennung seiner Bücher traf ihn, als hätten sie seine Seele verbrannt. Er konnte die Situation nicht länger ertragen und beschloss, Deutschland mit seiner Familie auf schnellstmöglichem Weg zu verlassen und nach Palästina einzuwandern.

Um ein Auskommen für sich und seine Familie zu schaffen, entschied Mühsam, dass er sich in der Tourismusbranche versuchen würde. Er bat Günther, einen Ort zu finden, an dem die Familie eine Pension eröffnen und Touristen beherbergen konnte. Haifa war der bevorzugte Zielort, denn dort lebten Leo und Charlotte Landau aus Lübeck – Cousins zweiten Grades von Irma. Die Landaus schrieben Mühsam aus Haifa, beschrieben die Stadt und die Vorbereitungen, die zur Eröffnung des Hafens vorgenommen wurden.[62] Sie nahmen an, dass Haifa als Hafenstadt umgeben von Bergen, einem angenehmen Klima und dem schönen Strand viele Reisende und Touristen anziehen würde und daher touristisch sehr attraktiv werden würde.

61 Zitiert nach Urich Walberer (Hg.), *10. Mai 1933: Bücherverbrennung in Deutschland und die Folgen*, Frankfurt a. M. 1983., S. 35 [Anm. d. Übers.].

62 Der Hafen von Haifa wurde offiziell am 31.10.1933 eröffnet.

Günther Friedländer auf dem Weg nach Palästina, 1933

Günther beschleunigte die Vorbereitungen zur Abreise und schließlich war es soweit. Ausgerüstet mit Reisepass, Touristenvisum, einer kleinen Tasche, Geld und Photoapparat begann er seinen Weg gen Osten. Seine junge Frau Lotte blieb in Görlitz zurück, half wie immer Else in der Apotheke und erwartete ungeduldig seine Rückkehr. Das Geschäft in der Apotheke lief kaum noch und die Frauen standen unter großer Anspannung.

Nach den Fotografien, die er gemacht hatte und die in seinem sorgfältig angelegten Album geblieben sind, sah Günthers Reiseroute nach Palästina so aus:

In Görlitz bestieg er den Zug, der gen Süden nach Prag fuhr. Von Prag aus ging es weiter nach Wien, dort stieg er um in den Zug nach Triest und weiter über Venedig und Florenz nach Genua an der italienischen Reviera. Von dort weiter an die französische Reviera bis zum Hafen von Marseille, wo er an Deck des Passagierdampfer „Soskin Bilesk“ ging, mit dem Reisende verschiedene Hafenstädte im Mittelmehr ansteuern konnten.

An Deck des Dampfers „Soskin Bilesk" in Marseille

Das Schiff verließ Marseille am 31. Mai 1933. Auch das Schawuot Fest fiel auf diesen Tag. Der Dampfer fuhr von Marseille in die Meerenge von Messina und nach Taormina, die im Osten Siziliens liegen, dann weiter nach Malta und nach Alexandria in Ägypten. Im Hafen von Alexandria gingen die Passagiere an Land, das Schiff wurde aufgetankt, mit Lebensmitteln versorgt und setzte die Fahrt weiter Richtung Jaffa fort. Nach 28 Tagen Seereise, am Dienstag, den 3. Juni warf das Schiff vor dem Hafen von Jaffa Anker. Schiffe konnten damals nicht in den Hafen einfahren und ankerten daher in einiger Entfernung. Auch die „Soskin Bilesk" machte es so. Aufgeregt standen die Passagiere an der Reling, die Augen zur Küste gewandt und versuchten das Land auszuspähen, das sich dahinter erstreckte – und siehe da, ein Schwarm von Fischerbooten ruderte von der Küste in Richtung des Dampfers. Es waren Fischer, die als Zubrot zu ihrem Verdienst Reisende von den Schiffen an den Kai brachten. Die europäischen Passagiere, die nicht gerade entsprechend dem Mittelmeerklima gekleidet waren, stiegen über Leitern vom Schiff in die Boote. Günther stieg in eines der Boote, dessen Besitzer die Reisenden auf Hebräisch anwies, was sie zu tun hätten. Natürlich verstand ihn niemand. Alles war neu und fremd, bekannt nur aus Erzählungen. Trotz des Schmutzes, des Lärms und der fremden Landschaft war Günther freudig erregt, rieb sich die Augen und konnte es nicht glauben: Er war in Palästina, weit weg vom Schrecken und Terror der Nazis, der in Deutschland herrschte!

Allenby Straße, Tel-Aviv 1933

Der Sommer in den ans Mittelmeer angrenzenden Regionen Palästinas war heiß und feucht, aber die Luft sauber und klar, der Sand golden und der Himmel blau. Die Reise vom Hafen in Jaffa nach Tel Aviv war nicht erfreulich: überall Schmutz und Dreck, an den Straßenseiten sah man marode Lehmhütten und Baracken, an deren Eingängen Araber saßen und Wasserpfeife rauchten. Alles war sehr exotisch. Günther nahm diese mediterrane Landschaft als Teil der unvermeidlichen Realität, und schließlich gelangte er nach Tel Aviv, der nur 24 Jahre jungen jüdischen Stadt, die seit jeher tosend und lärmend war.

Küstenstraße in Haifa, 1933

Zwei Wochen vor seiner Ankunft, noch während er auf See war, hatte sich in Tel Aviv ein Mord ereignet, der die Gemüter des jüdischen *Jischuv*[63] erregte. Der 34jährige Dr. Chaim Arloseroff, der die Hilfe für die deutschen Juden bewerkstelligt hatte, war am Freitag, den 14. Juni 1933 in der Nähe des am Strand von Tel Aviv gelegenen moslemischen Friedhofs ermordet worden. Das war gewissermaßen die erste Nachricht, die Günther hörte, als er das Schiff verließ.

Schulkinder in weißer Kleidung, Haifa 1933

Er begann seine Tour mit großer Besorgnis und fragte sich, wie derlei Ereignisse wohl seine Zukunft und die seiner Familie beeinflussen würden.

Die an Jaffa grenzende Allenby-Straße war voller Pferde und Kutschen. Autos waren fast gar nicht zu sehen. Er mietete eine arabische Kutsche, und begann seine Tour durch die Straßen der Stadt. Eines seiner wichtigsten Ziele bestand darin, das Klima in verschiedenen Orten zu prüfen, denn die klimatischen Verhältnisse waren ein wichtiger Faktor bei der Produktion und Lagerung von Arzneimitteln. Er suchte einen passenden Standort mit kühlem und trockenen Klima für die Errichtung der Fabrik. Bei seiner Tour durch Tel Aviv wurde ihm sofort klar, dass das heiße feuchte Klima entlang der Mittelmeerküste für sein Vorhaben nicht geeignet war. Hitze und Feuchtigkeit schaden dem Produktionsprozess von Fertigarzneimitteln, und damals war die geeignete Kühltechnik zur Lösung dieses Problems noch nicht entwickelt. Die nächste Station war Haifa, wo er im Auftrag der Familie Mühsam einen passenden Ort zum Betrieb einer Pension aus-

63 Mit Jischuv (hebr. für „bewohntes Land, Siedlung") bezeichnet man die jüdische Bevölkerung in Palästina vor der Staatsgründung Israels [Anm. d. Übers.].

findig machen wollte. Damals gab es nur eine einzige „Egged“-Autobuslinie[64] für das ganze Land und der Bus trug die Aufschrift: Busservice Tel Aviv – Jerusalem – Haifa. Günther ging zur Haltestelle, löste eine Fahrkarte und fuhr nach Haifa, wo er einige Adressen ehemaliger deutscher Auswanderer hatte. Die deutsche Sprache war auf den Straßen Haifas geläufig und man konnte sich leicht zurechtfinden.

„Egged“-Bushaltestelle in Afula, 1933

Der Bus fuhr die Küstenstraße entlang. Als sie sich Haifa näherten, sah er Palmenplantagen und einige Esel, die herumstanden und auf ihre Besitzer warteten. Am Stadteingang von Haifa fielen ihm einige mehrstöckige, weiße Häuser an den Abhängen des Carmel Berges auf, die Landschaft war dünn bewachsen und grün.

Der Bus erreichte die Haltestelle und Günther stieg aus, um sich auf den Weg zur Familie Landau zu machen. In einer der Straßen marschierte eine Schulklasse mit ihren Lehrern. Alle waren sie weiß gekleidet und die Köpfe von Blumensträußen umkränzt. „Schawuot war doch schon vor einem Monat!“ wunderte sich Günther. „Warum also feiern die Kinder in Haifa erst jetzt?“

64 Die „Egged“-Kooperative wurde im Januar 1933 gegründet. Der Name leitet sich von dem hebräischen Wort für „vereinigen“ ab und den Namen „Egged“ hatte der Dichter Haim Nachman Bialik erfunden, denn in der Kooperative vereinigten sich einige Transportunternehmen: der Schnelle, das Lenkrad, Vorwärts und die Fahrervereinigung.

Während der Stadtrundfahrt in Jerusalem mit „Jaffa tour"

Das Treffen mit Leo und Charlotte Landau verlief sehr aufregend. Die Erregung wurde noch größer, als er ihnen Einzelheiten über den Naziterror erzählte, der sich in Deutschland ausgebreitet hatte und Günthers Leben sowie das seiner Familie in der letzten Zeit beeinflusst hatte. Später unternahmen die beiden mit Günther eine Tour durch die Stadt, um einen geeigneten Ort für Familie Mühsam zu finden. Sie fanden ihn im Viertel Bat Galim am Fuße des Carmel, direkt am Meer gelegen. Gemeinsam schrieben sie Paul Mühsam einen Brief nach Görlitz und teilten ihm mit, dass sie einen passenden Standort für die Pension gefunden hätten. Aber auch das Klima in Haifa schien Günther aufgrund der hohen Luftfeuchtigkeit ungeeignet für die Arzneimittelherstellung, und so suchte er weiter. Sein nächstes Reiseziel führte ihn in die Jesreelebene und in ihre Hauptstadt Afula, eine junge städtische Siedlung, die erst seit acht Jahren bestand, landwirtschaftliche Gebiete einschloss und neben der von Haifa nach Syrien verlaufenden Eisenbahnlinie lag. Günther wollte sich ein Bild von den Möglichkeiten in Afula machen: als Verkehrsader beim zukünftigen Warentransport und auch als Gegend, die die Anpflanzung von Heilkräutern für sein pharmazeutisches Unternehmen ermöglichen würde. Der Bus erreichte die verwaiste „Egged"-Haltestelle, neben der ein einsamer Baum stand, dessen Krone der sengenden Sonne schutzlos ausgeliefert war. Ein arabischer Händler, der den Fez des Haddsch[65] trug, stand daneben und bot seine Ware feil: Eisblöcke, Bier und *Sivda*, eine hausgemachte, gehaltvolle Butter.

Günther wollte auch das Krankenhaus Ha Emek besuchen, das seit drei Jahren in Afula bestand, um den Absatzmarkt des Gebietes zu erkunden. Er verschaffte

65 Wer den Fes oder Tarbusch trägt, zeigt, dass er die Pilgerfahrt ins heilige Mekka unternommen hat.

sich einen allgemeinen Eindruck von dem Ort und seinem trockenen heißen Klima, und fuhr dann mit dem „Egged“-Autobus weiter nach Jerusalem.

Die Jerusalemer Berge, 1933

Jerusalem hatte auf Günther seit seiner Kindheit eine beflügelnde Wirkung. Über diese Stadt las und schrieb er, in ihr sah er den Kern von Erez Israel und dort wollte er leben.

Direkt nach seiner Ankunft in Jerusalem setzte er sich mit Kurt Grunwald in Verbindung und logierte in seinem Hause. Der 32-jährige Kurt war bereits ein Alteingessener im Lande und lebte seit sieben Jahren in Jerusalem. Er befand sich just zu dieser Zeit in einer Übergangsphase – er war im Begriff, seine Arbeit als Leiter der Kreditbank zu verlassen und als Berater einer Phosphatfirma tätig zu werden – und verfügte daher über freie Zeit, seinen Cousin herumzuführen. Die beiden erkundeten die Gegend, trafen sich mit Leuten, die Günther bei der Zukunftsplanung behilflich sein könnten, aber sie saßen auch Stunden zusammen und analysierten die Optionen. Günther erkundete Jerusalem auch alleine mit der Autobuslinie „Jaffa Tour“, die entlang der Stadtmauer der Altstadt fuhr. Auf der Route gab es Verkaufsstände, an denen das Getränk Tamarindi und Sirup-Süßigkeiten, genannt Rahat-Lokum[66] feil geboten wurden, umhüllt von Wolken aus summenden Fliegen, aber Günther fand das alles exotisch und aufregend.

66 Lokum ist eine Süßigkeit auf Basis eines Sirups aus gelierter Stärke und Zucker, oft auch mit dem Harz der Mastix-Pistazienbäume. Es ist weich und klebrig, mit einem transparent-gelblichen Aussehen; „Rahat-lokum“ – „bequeme Häppchen“, ursprünglich aus dem Arabischen von *rahat al-hulqum* bedeutet Vergnügen, Ruhe für den Gaumen [Anm. d. Übers.].

Das bergige Jerusalem liegt 800 Meter hoch und trotz der Hitze im Monat Juni war die Luft trocken und angenehm. Dieses Klima sagte Günther zu und er beschloss, sein Unternehmen hier aufzubauen. Das trockene Klima war im Vergleich mit anderen Städten nicht der einzige Pluspunkt Jerusalems. Nach Günthers Auffassung brauchte ein Unternehmen, das Arzneimittel entwickelte und produzierte, auch eine enge Anbindung an Forschungsinstitutionen und Krankenhäuser, und Jerusalem verfügte über beides. Seit sieben Jahren gab es bereits die Hebräische Universität auf dem Skopusberg, deren Direktoriumsvorsitzender Dr. Chaim Weizmann war, der Günthers und Kurts Vision vom Aufbau eines Industriezweigs in Erez Israel maßgeblich beeinflusst hatte. Zu den weiteren Mitgliedern des Direktoriums gehörten auch Albert Einstein, Sigmund Freund und Martin Buber – allesamt Vertreter der deutschen Kultur. Neben den geisteswissenschaftlichen Fächern waren auch die Naturwissenschaften – ohne die Pharmazie – an der jungen Universität gerade im Aufbau begriffen. Priorität hatte die Errichtung der Laboratorien. Es war möglich, auf dem Campus herumzulaufen und sich einen Eindruck zu verschaffen. In einem der Laboratorien traf Günther den Glasbläser, der die Reagenzgläser vorbereitete. Sie sprachen über die Gegenwart, über die Zukunft und über das Potenzial der entstehenden Laboratorien. Günther interessierte sich für die Arbeit des Glasbläsers und fragte ihn, ob seiner Meinung nach ein potenzieller Absatzmarkt für Arzneimittel bestünde. Der Glasbläser antwortete ihm zynisch: „Was wollen Sie? Sie kommen in die Wüste, wollen Sie den wilden Tieren Ihre Präparate verkaufen?“[67] Die Antwort des Glasbläsers und die ringsum herrschende Einöde ließen Günther jedoch nicht verzweifeln, denn er sah die Zukunft in den kommenden Jahrzehnten. In Jerusalem gab es zu jener Zeit fünf Krankenhäuser, die einen Absatzmarkt und eine potenzielle Zusammenarbeit für die zukünftige Forschung darstellten. Das Krankenhaus Bikur Cholim an der Kreuzung Strauss-Hanevi'im bestand seit 1925 und diente vornehmlich der ultraorthodoxen Bevölkerung der Stadt. In der Nevi'im-Straße lag auch das italienische Krankenhaus, das seit 1919 hauptsächlich die katholischen Pilger versorgte. Das Krankenhaus der englischen Mission beinhaltete ebenfalls eine Klinik, eine Apotheke und ein Ärztehaus. In der Jaffa-Straße befand sich das 1902 gegründete Sha'arei Zedek Krankenhaus, das von dem aus dem Rheinland stammenden Dr. Mosche Wallach geführt wurde. In der Altstadt schließlich gab es das Krankenhaus Misgav Ledach.

Friedländer erkannte das Potenzial, das Jerusalem im Verbund mit seinem trockenem Klima bot, war begeistert und ermutigt von Dr. Kurt Grunwald endschied er sich, seinen Traum hier zu verwirklichen. Doch der Weg dahin sollte

67 CZA, AK462/3, Sammlung Günther Friedländer, Autobiographischer Abriss [1968], S. 1.

noch sehr lang sein. Das Ganze musste nun in ein Programm der kleinen Schritte umgewandelt werden, ein Schritt nach dem anderen.

Kurt vermittelte Kontakte und stellte Günther auch den Kontakt mit der Organisation der deutschen Einwanderer her, die noch am Anfang ihrer Konsolidierung in Erez Israel stand. Ungeduldig und in freudiger Erregung setzte Günther sich nieder, um einen langen Brief an seine Frau Lotte, an Tante Else und Schwiegervater Rechtsanwalt Mühsam zu schreiben und berichtete von den Ereignissen und Ergebnissen. Er schrieb von dem gefundenen Standort für die Eröffnung einer Pension in Bat Galim, über die Schönheit des Viertels und wie sehr es sich für einen Erholungsort eignete, und ließ sie wissen, dass sie nunmehr intensivst an den Vorbereitungen für die Auswanderung nach Palästina arbeiten sollten. Viel Arbeit wartete auf ihn und seine Ziele waren nicht einfach zu verwirklichen, aber er hatte sich entschieden und war voller Energie. Günther packte also seine Sachen, fuhr zum Hafen von Jaffa und trat per Schiff seine Heimreise nach Görlitz in Deutschland an.

5. Abschied von Deutschland

Auswanderungsvorbereitungen

Die Familie in Görlitz erwartete Günther ungeduldig und sehnsüchtig. In jenen Tagen fuhren die Schiffe nicht einfach so nach Übersee und in Deutschland erließen die Nazis jeden Tag neue Verordnungen, so dass die Lage der Juden sich zusehends verschlechterte. Nach seiner Rückkehr hielt Günther vor zionistischen Kreisen einen Vortrag über die Lage in Palästina, zeigte Fotografien und schilderte die Zukunft in rosigen Farben.

In der Zwischenzeit begann Familie Mühsam mit energischen Auswanderungsvorbereitungen. Man schloss die Kanzlei, verkaufte Pauls juristische Fachbücher, sowie das Inventar der Wohnung. Der Erlös war minimal und reichte nicht für die Reisekosten. Die deutschen Käufer waren über die Flucht der Juden informiert und nutzten deren Lage aus. Die Schlusskalkulation ergab, dass die Familie Mühsam weitere Gelder benötigte, um die Reisekosten und die Auswanderungserlaubnis zu decken. Mangels anderer Möglichkeiten fuhr Paul nach Dresden, um von Irmas Mutter die fehlende Summe zu leihen. Im Spätsommer 1933 waren die Vorbereitungen der Mühsams abgeschlossen und man machte sich auf die lange Reise, die im September 1934 im Hafen von Haifa endete.[68]

Auch die Familie Friedländer und Else Kober begannen mit den Vorbereitungen zur Auswanderung nach Palästina. Mit Zustimmung des zionistischen Kongresses initiierte die Jewish Agency ein Hilfsprogramm für die deutschen Juden, das der Ökonom Arthur Ruppin, der Leiter der „Abteilung Ansiedlung deutscher Juden" der Jewish Agency, durchführte. Um das Programm zu realisieren, wurde eine Organisation mit drei Niederlassungen gegründet, die gleichzeitig in Berlin, London und Jerusalem aktiv waren. Die erste Niederlassung in Berlin hieß „Palästina-Amt der Jewish Agency for Palestine". Die Aufgabe des Amtes bestand darin, die deutschen Einwanderer nach ihren finanziellen Kapazitäten aufzunehmen und zu klassifizieren, sowie Kontakte zwischen deutschen Investoren und dem Investor in Erez Israel herzustellen, sowie Verhandlungen mit den Behörden hinsichtlich der jüdischen Einwanderung zu führen. Der Verbindungsmann für das Berliner

68 Vgl. Paul Mühsam, *Ich bin ein Mensch gewesen,* S. 246 f., 250 [Anm. d. Übers.].

Büro war Georg Landauer aus Jerusalem. Die zweite Niederlassung war in London, wo unter der Leitung von Chaim Weizmann das „Zentralbureau für die Ansiedlung deutscher Juden in Palästina“ gegründet wurde. Weizmann oblag die Aufgabe, die Gelder zu konzentrieren und die Finanzierung aus den Hilfsfonds zu regeln, die man zu Gunsten der deutschen Juden allerorten eingerichtet hatte. Das meiste Geld war für die Neuansiedlung der deutschen Juden in Erez Israel bestimmt.

Die dritte Niederlassung wurde in Jerusalem als Vertretung des Aufnahmelandes errichtet, hieß „Abteilung Ansiedlung deutscher Juden der Jewish Agency“ und stand unter der Leitung von Arthur Ruppin. Die Hauptaufgabe war die Ansiedlung der deutschen Einwanderer im Aufnahmeland und schloss die Auswanderungsgenehmigung aus Deutschland nach Palästina, sowie den Landerwerb für ihre Niederlassung ein. Ein Jude, der von Deutschland nach Palästina auswandern wollte, musste eine Einwanderungsgenehmigung vorweisen und der Antrag für diese Genehmigung musste an das Berliner Büro gerichtet werden. Die Antragsteller wurden nach medizinischen und wirtschaftlichen Kriterien geprüft, um diejenigen Leute auszusieben, die eine Belastung für Erez Israel darstellen würden. Den Vorzug erhielten Juden mit Kapitalbesitz – die „Kapitalisten“, wie diese Einwanderungskategorie hieß – die den Aufbau des Landes unterstützen konnten und keine finanzielle Belastung der Gesellschaft bedeuten würden. Am Ende des Klassifizierungsprozesses wurden die Antragsteller nach folgenden Kriterien unterteilt[69]:

A 1	Kapitalisten, Mindestkapital LP 1000.- [Palästinische Pfund = 1000 £ Sterling][70]
A 2 + A 5	Freie Berufe, Mindestkapital LP 500.-
A 3	Handwerker, Mindestkapital LP 250.-
A 4	Personen mit gesichertem Einkommen (Rentner etc.)
B 2	Religiöse Berufe
B 3	Schüler und Studenten mit gesichertem Einkommen (Jugendalija)
C	Arbeiter
D	Von Ansässigen abhängige Personen (dependents)

69 CZA, Einwanderungslisten nach Schiffen 1933-1934 [hebr.].; [Deutsches Zitat nach Werner Feilchenfeld, Dolf Michaelis, Ludwig Pinner: *Haavara-Transfer nach Palästina und Einwanderung deutscher Juden 1933-1939*, Tübingen, 1972, S. 77, Anm. der Übers.].

70 Die palästinische Währung war an das englische Pfund gebunden und 1 LP entsprach 1£ Sterling. Vgl. Werner Feilchenfeld, Dolf Michaelis, Ludwig Pinner: *Haavara-Transfer nach Palästina und Einwanderung deutscher Juden 1933-1939*, Tübingen, 1972, S. 24. „1000 Pfund Sterling war damals eine beträchtliche Summe: Mit weniger als 300 Pfund Sterling im Jahr konnte eine vierköpfige Familie schon ein gutbürgerliches Leben führen“, Tom Segev: *Die Siebte Million: Der Holocaust und Israels Politik der Erinnerung*, Hamburg 1995, S. 31 [Anm. der Übers.].

Die Kapitaleigentümer konnten ihren Besitz unter der Bedingung ausführen, dass sie einer Einbuße von 25% des Wertes mittels verdeckter Konten zustimmten. Um diesen Verlust möglichst gering zu halten, wurde das *Ha'avara*-Abkommen – eine Vereinbarung über den Kapitalstransfer – ausgehandelt, das einige Modifikationen durchlief und dessen Grundlage folgendermaßen aussah[71]: Neben dem bereits bestehenden Pälästina-Amt in Berlin wurde ein besonderes Büro eingerichtet, die „Palästina-Treuhandstelle zur Beratung deutscher Juden GmbH", dessen Aufgabe darin bestand, sich um die Einzahlungen in Deutschland zu kümmern. Der restliche Besitz des Einwanderers – oder desjenigen, der die Absicht hatte, später einzuwandern und sich am Aufbau des Landes beteiligen wollte – wurde in Form von Waren nach Palästina transferiert und von zwei Treuhandgesellschaften geführt. Eine war die deutsche Reichshauptbank, auf deren Sonderkonto der Bank der Tempelgesellschaft, einer in Palästina ansässigen Bank, die Einwanderer ihre Gelder einzahlten, um Waren zugunsten des gemeinsamen Kontos bei der Anglo-Palestine Bank zu erwerben. Die zweite Treuhandgesellschaft sollte in Erez Israel operieren, und ihre Aufgabe bestand darin, deutsche Waren zu bestellen und den Einwanderern bei ihrer Ankunft die ihnen zustehenden Gelder auszuzahlen.[72]

Am 25. August 1933 bestätigte das Reichswirtschaftsministerium das Transferabkommen für Palästina, das die Grundsätze des Geldtransfers festschrieb: Das Abkommen galt für deutsche Bürger, die im deutschen Reich lebten, Angehörige der „jüdischen Rasse" waren und nach Erez Israel einwandern wollten, und für jene Juden, die sich temporär außerhalb Deutschlands aufhielten, aber auf ihren deutschen Wohnsitz nicht verzichtet hatten. Das Abkommen unterschied zwischen Juden, die sofort von Deutschland nach Erez Israel auswandern wollten, und jenen, die diese Absicht später realisieren wollten. Diejenigen, die sofort einwandern wollten, mussten einen entsprechenden Antrag stellen, ein Teil ihres Geldes wurde an die *Ha'avara*-Stellen weitergeleitet und der Rest ging auf ein bei der Reichsbank errichtetes Sonderkonto I zugunsten der Bank der Tempelgesellschaft.

Diejenigen, die erst in absehbarer Zukunft einwandern wollten, konnten bis zu 50000 Reichsmark auf ein ebenfalls bei der Reichsbank zugunsten der Bank der Tempelgesellschaft geführtes Sonderkonto II einzahlen, auf dem ihre Einzah

71 Vgl. CZA, S1/2651, Misrad hamerkazi lejischuv jehudei germania, heskem wehitkatvut, klita weksafim, 1933-1934 [Zentralbureau der Einwanderung deutscher Juden, Abkommen und Korrespondenz, Aufnahme und Finanzen 1933-1934].

72 Vgl. Yoav Gelber, *Moledet chadascha: alijat jehudei merkaz eropa weklitatam 1933-1948* [Neue Heimat: die Einwanderung der mitteleuropäischen Juden und ihre Aufnahme 1933-1948], Jerusalem 1990, **S.** 23-35, sowie Werner Feilchenfeld, Dolf Michaelis, Ludwig Pinner: *Haavara-Transfer nach Palästina und Einwanderung deutscher Juden 1933-1939*, Tübingen, 1972, S. 27 [Anm. der Übers.].

lungen bis zu ihrer Ankunft in Erez Israel eingefroren wurden. Außerdem bestand für diejenigen Einwanderer, die zur Zeit noch nicht einwandern wollten, die Möglichkeit, ihre spätere Einkommensquelle durch sofortigen Landerwerb oder Investionen in bestimmter festgesetzter Höhe zu sichern.

Die Nutzung der Gelder ging folgendermaßen von Statten: Nach Abzug der Gebühren bezahlte die Anglo-Palestine Bank aus dem Sonderkonto I, das bei der Reichsbank zugunsten der Tempelgesellschaft errichtet worden war, deutsche Warenlieferungen – Maschinen und Ausrüstungen – nach Palästina, die von in Erez Israel ansässigen Kaufleuten und Importeuren bestellt worden waren. Sobald das Sonderkonto I leer war, konnte die Anglo-Palestine Bank auf die Gelder des Sonderkontos II zugreifen.

Im Gegenzug musste die Anglo-Palestine Bank in Erez Israel Treuhandkonten zugunsten der Einwanderer einrichten und ihnen nach ihrer Ankunft den „Gegenwert ihrer Einzahlungen nach Maßgabe der aus dem Absatz der deutschen Waren in Palästina zur Verfügung stehenden Beträge“[73] in Palästinischen Pfund auszahlen Die Einwanderer erhielten einen Teil des Geldes erst, nachdem die Waren bestellt, geliefert und in Erez Israel abgesetzt worden waren.

Später wurde eine gemeinsame Treuhandstelle der Anglo-Palestine Bank und der Jewish Agency gegründet, die „Trust and Transfer Office Haavara Ltd“ in Tel Aviv, die die alleinigen Vermittlungsrechte zwischen den palästinischen Importeuren und den deutschen Exporteuren innehatte. Die Arbeit der Treuhandstelle umfasste den Import, das Eintreiben der Gelder für die von den Importeuren im Land bestellten Waren, sowie die Auszahlung der Gelder an die Einwanderer.[74]

Die gesamte Prozedur lastete schwer auf den Einwanderern und führte zu bedeutenden finanziellen Verlusten, aber sie hatten keine andere Wahl. Wer das Kommende voraussah und sich und seine Familie zum frühstmöglichen Zeitpunkt retten und Deutschland verlassen wollte, nahm alle damit verbundenen Härten in Kauf. So erging es auch der Familie Mühsam: Vom Zeitpunkt der gefällten Entscheidung, nach Palästina auszuwandern und nachdem das *Ha'avara*-Abkommen unterschrieben war, handelten sie schnell. Innerhalb kürzester Zeit durchlief die Familie die gesamte Prozedur und wanderte bereits im September 1933 in Palästina ein, erreichte Haifa und eröffnete dort im Bat Galim-Viertel, an dem Ort, den Günther für sie ausgesucht hatte, die Pension Mühsam.

---

73 Werner Feilchenfeld, Dolf Michaelis, Ludwig Pinner: *Haavara-Transfer nach Palästina und Einwanderung deutscher Juden 1933-1939*, Tübingen, 1972, S. 27 [Anm. der Übers.].

74 Vgl. Werner Feilchenfeld, Dolf Michaelis, Ludwig Pinner: Haavara-Transfer nach Palästina und Einwanderung deutscher Juden 1933-1939, Tübingen, 1972, S. 26-27 [Anm. der Übers.], sowie Yoav Gelber, Moledet chadascha: alijat jehudei merkaz eropa weklitatam 1933-1948 [Neue Heimat: die Einwanderung der mitteleuropäischen Juden und ihre Aufnahme 1933-1948], Jerusalem 1990, S. 152-221.

Alija nach Erez Israel

„Die Sonne senkt ihre letzten Strahlen auf Jerusalem, da schreitet Moses ruhig durch die neuen Straßen. Er hat kein Auge für all' die prächtige Schönheit der Anlagen, er denkt noch immer an die Bauern draußen, die ihre neue Scholle mit eigenen Händen umgegraben haben, und nicht hat Gott die Erdschichten durch ein Beben gewandt."
(Günther Friedländer, *Im Lande der Väter*, Ratibor 1917)[75]

Günther begann Pläne für die bevorstehende Auswanderung zu spinnen. Je mehr er sich in die Pläne versenkte, um so klarer sah er, dass viel Arbeit vor ihn lag, denn er musste sich um mehrere Aufgaben zur gleichen Zeit kümmern. Zwar standen Else und Lotte ihm zur Seite, konnten aber mit seinem Tempo nicht schritthalten, und seiner Gewohnheit entsprechend verließ er sich in erster Linie auf sich selbst und erledigte die meisten Dinge allein. All dies bewerkstelligte er in der Atmosphäre der sich täglich erneuernden und erdrückenden Verordnungen gegen die Juden, des Boykotts der jüdischen Geschäfte und des erstarkenden Antisemitismus.

Zunächst musste die Apotheke mit ihren Lieferanten und weit verzweigten Kundenkontakten, die im Laufe der Jahre entstanden waren, abgewickelt werden, und das erwies sich als sehr schwer. Trotz der Feindseligkeit gegenüber den Juden auf den deutschen Straßen bestanden die persönlichen Verbindungen weiter und es war nicht leicht, diese aufzugeben. Die Liquidation des alten Vermögens fiel in erster Linie auf Else und sie bat Günther nur um Hilfe, wenn sie keine andere Wahl hatte.

Günther war für die Zukunftsplanung verantwortlich. In Görlitz war er in der Hauptsache mit Herstellung und Vertrieb von Rezepturarzneimitteln beschäftigt, das Gebiet der Produktion im großen Stil war ihm fremd und fiel nicht in seinen Bereich. Nun war er gehalten, sich mit dem Thema vertraut zu machen und so viel wie möglich aus dem Bereich der in Deutschland üblichen pharmazeutischen Produktionsweisen mitzunehmen. Es würde einige Zeit vergehen, bis die Arzneimittelproduktion in Palästina würde beginnen können, aber seine Familie musste er sofort ernähren. Wie sollte er das anfangen? Er entschied sich daher, einen Vorrat an Medikamenten mitzunehmen, die er sofort würde verkaufen können – aber welche Arzneimittel wurden dort benötigt? Günther nutzte seine Verbindungen, die er bei seinem Besuch in Erez Israel geknüpft hatte, führte eine Marktanalyse der dort benötigten Medikamente durch und für den Erlöß, den der Verkauf der Apotheke und ihrer Bestände einbringen würde, erstellte er Listen für die Beschaffung der erforderlichen Bestände für Palästina. Nachdem dieses Kapitel abgeschlossen war, besuchte er die Arzneimittelhersteller, verfolgte Produktionsprozesse, las und studierte so viel als in der knapp bemessenen Zeit möglich war

75 Günther Friedländer, *Im Lande der Väter* (1917), Familienarchiv Nomi Eshhar.

über Probleme der Rohmaterialien, über Produktionsprozesse und über Personalpolitik eines Unternehmens.

Zur gleichen Zeit durchlief die Familie die erforderliche Prozedur für den Erhalt der Einwanderungspapiere nach Palästina. Dieser Prozess beinhaltete das Aufbringen des Geldes, die Klassifizierung und die Reise zum Palästina-Amt in Berlin. Die Familie brauchte pro Kopf 1000 Pfunf Sterling in bar, insgesamt also 3000 Pfund Sterling. Um aus Deutschland Geld auszuführen, musste der Kapitaleigentümer einen Fragebogen ausfüllen, einen Antrag an die Bank stellen und von derselben eine Bestätigung erhalten. Der Prozess wurde über das Palästina-Amt in Berlin abgewickelt, im nächsten Schritt erhielt man das Geld und bei der Ankunft in Erez Israel stand schließlich die Organisation der Einwanderer aus Deutschland helfend zur Seite. Kapitaleigentümerin war Else. Sie begann, Käufer für die Apotheke zu suchen, doch wie es bereits Mühsam und andere Juden im Deutschland jener Zeit erlebten, waren die Käufer nur auf günstige Gelegenheiten aus. Eventuelle Interessenten gingen davon aus, dass sich der Druck auf die Juden verstärken würde und sie dergestalt das zum Kauf stehende Objekt zum Minimalpreis erwerben könnten. Da sie keine Wahl hatte, verkaufte Else ihren Besitz mit Verlust und mit einer weiteren Einbuße von 25 % aufgrund der Regelung des *Ha'avara*-Abkommens.

Die Stimmung war sehr gedrückt. Else, Günther und Lotte bedurften bei jedem Schritt, den sie unternahmen, großer seelischer Stärke und festen Glaubens. Ende Dezember 1933 war der Verkauf der Apotheke und ihre Übergabe an den Käufer abgeschlossen.

Der Plan sah vor, das Geld in Form von medizinischen Geräten und Maschinen für die zukünftige Firma nach Palästina zu transferieren. Günther experimentierte mit der Herstellung medizinischer Präparate auf der Basis von Salben, die für das Klima in Palästina geeignet wären und schickte Proben an ein Labor nach Jerusalem. Dort prüfte man Eigenschaften und Qualität und schickte die Ergebnisse per Post nach Görlitz zurück. Nun musste entschieden werden, welche Geräte für den Aufbau der Firma notwendig waren. Günther beschloss, eine handbetriebene Maschine zur Herstellung von Tabletten zu erwerben, ein Gerät zur Anfertigung von Ampullen, einen Homogenisator für die Mischung von Salben sowie Laborzubehör. Die gesamte Fracht wurde in elf Kisten verpackt und im Rahmen des *Ha'avara*-Abkommens auf dem Seeweg nach Haifa geschickt. Die Vergabe der Einwanderungszertifikate ging der Reihe nach und viele der deutschen Juden warteten ungeduldig, dass die Reihe endlich an ihnen wäre. Eine verheiratete Frau erhielt das Einwanderungszertifikat mit dem ihres Ehemannes und daher war Lotte in Günthers Zertifikat mit eingetragen. Else bekam kein Zertifikat für denselben Monat, sondern erst zu einem späteren Zeitpunkt und nutzte die zusätzliche Zeit in Görlitz, um letzte Dinge bezüglich des Geschäftsverkaufs zu erledigen. Die

Schiffe, die die deutschen Einwanderer nach Palästina brachten, stachen von italienischen Häfen aus in See und erreichten den neuen Hafen von Haifa. Anfang Januar 1934 wurde Lotte schwanger und die Aufregung, die Anspannung und das Warten auf die Einwanderung immer größer. Nicht zuletzt wuchs die Furcht vor der Seereise und der ungewissen Zukunft. Das Wissen, dass ihre Eltern sie sehnsüchtig in Haifa erwarteten, erleichterte die Ängste vor der Aufnahme im Land und der Erwartung der bevorstehenden Geburt.

Bevor sie sich auf den Weg machen, stattete Else Günther mit einer Vollmacht aus, die ihn befähigte, in ihrem Namen zu handeln und alle notwendigen Handlungschritte zur Gründung der Firma zügig zu erledigen, ohne eigens ihre Ankunft abwarten zu müssen. Günther war 32 und Lotte 22 Jahre alt, als die beiden sich auf den Weg in ihr neues Leben machten. Auch Lottes Schwester, Hilda Mühsam, war mit ihnen auf dem Schiff. Von Görlitz aus fuhren sie mit der Eisenbahn zum Hafen von Triest und gingen dort an Bord der „Roma".

Am Mittwoch, den 28. März 1934 stach die „Roma" in See mit 87 Einwanderern und 18 Touristen an Bord. Noch zwei Tage waren es bis zum Pessachfest und die Einwanderer begingen den Sederabend des Jahres 1934 auf hoher See. Das Ereignis war besonders festlich und sehr symbolisch: Sie waren zweifellos nicht nur eine Generation, die sich sah, als würden sie selbst aus Ägypten ausziehen, sondern sie waren in der Tat auf dem Weg in die rettende Freiheit nach Erez Israel. Günther legte seine Kamera nie aus der Hand und fotografierte von Deck des Schiffes aus. Der Dampfer fuhr von Osten in Richtung der sizilianischen Küste und durch das Bullauge fotografierte Günther den Vulkan Etna und die Insel Malta. Nach 16 Tagen ging die „Roma" im Hafen von Haifa vor Anker.

Nachdem die drei die Einreiseformalitäten am Hafen hinter sich gebracht hatten, nahmen sie ein Taxi und fuhren zu Familie Mühsam nach Bat Galim. Irma und Paul konnten es kaum mehr erwarten, ihre Töchter und den Schwiegersohn, die sie vor acht Monaten in Deutschland verabschiedet hatten, endlich wiederzusehen. Sie selbst fühlten sich bereits als Alteingesessene und konnten dem jungen Paar und Hilda bei der ersten Eingewöhnung zur Seite stehen. Es war ein aufregendes und ergreifendes Wiedersehen. Die Eltern wussten, dass Lotte im vierten Monat schwanger war und hatten sich etwas gesorgt angesichts der langen Seereise, aber als die drei gesund und wohlbehalten vor ihnen standen, waren sie beruhigt. Nach all der Bedrängnis und den Qualen, die sie bis jetzt ausgestanden hatten, war der Großteil der Familie nun hier im Lande endlich wieder vereinigt. Lotte und Günther blieben noch bis Ende April in der Pension Mühsam, ruhten sich aus, erkundeten die Stadt, zogen dann nach Jerusalem und begannen den Prozess der Akklimatisierung und der Realisierung ihres Vorhabens.

Tante Else Kober blieb noch einen weiteren Monat in Görlitz, weil die Erteilung des Zertifikats für eine alleinstehende Frau weitaus komplizierter war. Nachdem alles erledigt war, fuhr auch sie nach Triest und dann weiter mit dem Schiff „Vulcania", das Haifa am Dienstag, den 3. Mai 1934 erreichte. Am Pier von Haifa erwarteten sie Paul und Irma und nach den Einreiseformalitäten konnten sie Else endlich in die Arme schließen.

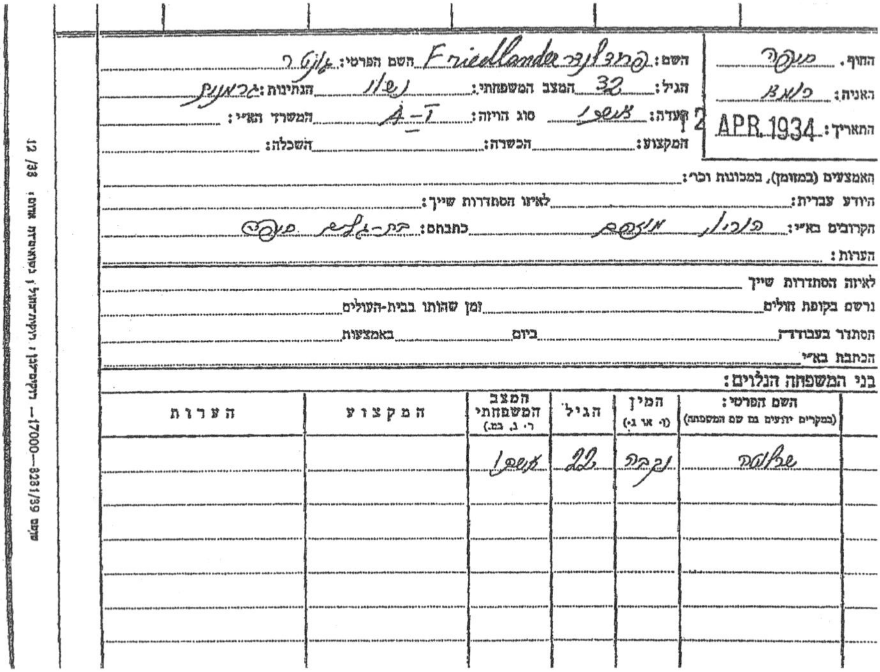

החוף:
האניה:
התאריך: 12 APR. 1934

השם: Friedlander השם הפרטי:
הגיל: 32 המצב המשפחתי: נשוי הנתינות:
סוג הויזה: A-T המשרד האיי:
המקצוע: הכשרה: השכלה:
האמצעים (במזומן), במכונות וכו':
היודע עברית: לאיזו הסתדרות שייך:
הקרובים באיי: כתבתם:
הערות:
לאיזה הסתדרות שייך
נרשם בקופת חולים זמן שהותו בבית-העולים
הסתדר בעבודה ביום באמצעות
הכתבת באיי

בני המשפחה הנלוים:

השם הפרטי: (במקרים יתעים בם שם המספחה)	המין (ז' או נ')	הגיל	המצב המשפחתי ר' נ' במ'	המקצוע	הערות
		22			

Einwanderungskarte von Günther und Charlotte Friedländer

Auch Else erholte sich von der Reise in der Pension, bevor sie weiter nach Jerusalem reiste und sich ihrem Neffen anschloss, um ihn bei der Gründung des Pharmaunternehmens zu unterstützen. Ein neues Land, eine neue Sprache, ein anderes Klima und eine andere Landschaft – es war nicht einfach, dies alles im Alter von 48 Jahren zu verkraften. Zu ihrem Glück war es zu jener Zeit möglich, sich in Palästina mit der deutschen Sprache zurechtzufinden, denn die deutschen Einwanderer waren allerorten.

Günthers Mutter, Paula Friedländer, blieb allein in Ratibor zurück und leitete weiter die Filiale der Schuhfirma von Konrad Tack, die in arischem Besitz war und daher weiterbestehen konnte. Der Abschied von der Familie war ihr sehr schwer gefallen, aber unter den damaligen Umständen blieb ihr keine andere Wahl. Schon damals hatte sie entschieden, dass sie sich ihrer Familie in Palästina anschließen würde, sollte sie gezwungen sein, Deutschland zu verlassen.

Else Kober

Kulturschock

Um das Geld zu erhalten, das sie in Deutschland deponiert hatten, hatten die Einwanderer einen langwierigen bürokratischen Prozess zu durchlaufen. Zuerst musste ein Antrag bei der Anglo-Palestine Company Bank/Serubavel Bank, der örtlichen Bank eingereicht werden, dann war der Bescheid abzuwarten, dass das Geld von der Bank der Tempelgesellschaft über die Reichsbank in Deutschland abgegangen war und an eine Bank in Palästina überwiesen worden war. Der komplizierte Prozess verminderte das Geld, weil jede Station ihre Gebühren erhob: Die Nazis erhoben ihren Prozentsatz auf das Vermögen und auch die anderen Banken erhoben hohe Gebühren.

Hier kommt ein Brief zum Abdruck, der die Beschwernis veranschaulicht, die jeder Einwanderer mit Kapital auf sich nehmen musste, um zu seinem Geld zu kommen:

Trust and Transfer Office Haavara Ltd
Rothschild Boulevard 14, Tel Aviv, Tel. 732

An die Jewish Agency
Unser Zeichen: Jerusalem, Deutsche Abteilung, MD/K

Tel Aviv, den 4.9.1934

Betr.:

Nach Anordnung von Herrn X werden wir Ihnen auf Ihr Konto bei der Anglo-Palestine Bank in Jerusalem zugunsten des „Zentralbureaus für die Ansiedlung deutscher Juden" alle Gelder bis zu einer Höhe von 70000 (Siebzigtausend) Palästinischen Pfund überweisen, die zu dessen Gunsten auf das Sonderkonto I eingingen.

Wir wundern uns daher, dass Herr X sich entsprechend Ihrer Anordnung an die Bank der Tempelgesellschaft gewandt hat und nicht direkt an uns.

Hochachtungsvoll

Trust and Transfer Office Haavara Ltd
Dr. David Weiss[76]

Die deutsche Abteilung der Jewish Agency unter der Leitung von Vogel, war für die Hilfe der „Vereinigung der deutschen Einwanderer"[77] in Palästina verantwortlich. Die für diesen Zweck bestimmten Gelder erhielt die Jewish Agency aus dem Büro in London, das die Spendengelder von Juden aus aller Welt verwaltete. Jeder Einwanderer musste einen Fragebogen ausfüllen, mittels dessen seine finanziellen Mittel und seine Absichten überprüft wurden. Die „Vereinigung der deutschen Einwanderer" leistete Finanzberatung und half bei professioneller Weiterbildung, sofern Bedarf bestand.

Ein Teil der Einwanderer hatte keinen Beruf, ein anderer Teil hatte Berufe, die nicht den Bedürfnissen des Landes entsprachen, und um sich ernähren zu können, mussten sie einen neuen Beruf oder ein Handwerk erlernen. Die Einwanderer durchliefen ihre Umschulung vor Ort bei der Arbeit. Die Kosten der professionellen Umschulung betrugen pro Kopf 10 palästinische Pfund und wurde von der „Vereinigung der deutschen Einwanderer" direkt an den Arbeitgeber bezahlt. Die „Vereinigung" war auch bei Krediten mit der Bank Serubavel behilflich sowie bei der ersten Unterkunftsbeschaffung. In Jerusalem gab es damals eine Herberge neben der *Bnai Brit*-Loge, die deutschen Einwanderern im ersten Monat ihres Aufenthalts eine Unterkunft für den Preis von nur dreieinhalb Groschen pro Nacht bot. Die „Vereinigung der deutschen Einwanderer" vermittelte auch zwischen Einwanderern, die Kapital besaßen und den Vertretern der verschiedenen Industriezweige,

76 CZA, S7/27, 1, Hitachdut olei germania – mimun jischuv 1933-1934.
77 Heute heißt diese Organisation „Vereinigung der Israelis mitteleuropäischer Herkunft". <http://www.irgun-jeckes.org>, (25. August 2011) [Anm. d. Übers.].

und leistete außerdem juristischen Beistand auf mehreren Gebieten. Die Sozialabteilung unter der Leitung von Henrietta Szold[78] unterstützte kinderreiche Familien, unter anderem bei der kassenärztlichen Versorgung, die es in Palästina seit 1914 gab.

Einwanderern wie Familie Friedländer, die beabsichtigten, sich in der Stadt niederzulassen und nachweisen konnten, dass sie in der Lage waren, sich eine finanzielle Basis zu schaffen, wurde ein Darlehen ohne Sicherheiten in Höhe von 50 palästinischen Pfund zu einem Zinssatz von 3-4% und für eine Laufzeit von ein oder zwei Jahren durch die Industrie Bank in Tel Aviv gewährt. Um das Darlehen zu erhalten, mussten die Kreditnehmer Waren und Maschinen hypothekarisch belasten. Darüber hinaus richtete die Bank einen Fonds für Industriekredite ein, der jeder Firma 100-150 palästinische Pfund gewährte, sofern die Eigentümer die Firma und ihre Gerätschaften mit einer Hypothek beliehen hatten oder als Sicherheiten ihre Waren boten, die im Depot der Bank lagerten.[79] Jeder weiß, dass Bürokratie langwierig und ermüdend ist, aber bei den deutschen Einwanderern, den sogenannten Jeckes[80] – eine Bezeichnung, die damalige Komödianten als hebräisches Akronym nahmen und in *Jehudi kasche havana* auflösten, was „begriffsstutziger Jude" bedeutet – dauerten die Verfahren doppelt so lange. Warum? Der Beamte hinterm Schalter sagte dem Kunden bei jedem noch so kleinen Fetzen Papier, das er ihm zur Einsicht oder zur Unterschrift vorlegte „Bitteschön" und der Kunde las, unterschrieb und gab das Dokument mit den Worten „Dankeschön" zurück. Die deutsche Kultur war den Alteingesessenen des Landes fremd, und so blühte eine Folklore, die sich über die Kultur der Jeckes und ihren Charakter lustig machte, wie die folgende Anekdote zeigt:

Gehen deutsche Einwanderer als Arbeiter zur Arbeit auf die Baustelle. Kommt ein Alteingesessner vorbei und hört ein merkwürdiges Geräusch, das sich wie das Fahrgeräusch einer Eisenbahn anhört: „Tsch Tsch Tsch". Schaut sich der Mann um, sucht die Eisenbahn und fragt: „Wo ist die Bahn? Ich wusste gar nicht, dass hier eine Eisenbahn vorbeifährt." Aber er sieht keine Eisenbahn, sondern eine Reihe von deutschsprechenden Arbeitern, die einander Steine weiterreichen. Jeder, der einen Stein

---

78 Henrietta Szold (1860-1945) war eine bedeutende amerikanische Aktivistin des frühen Zionismus. Sie war Erzieherin, Autorin und Sozialarbeiterin, und gründete 1912 die amerikanische zionistische Frauenorganisation *Hadassah*, heute die größte jüdische Organisation in den USA. Szold leitete die Kinder- und Jugend-Alijah in Palästina, setzte sich aber gleichermaßen für das gesundheitliche Wohl jüdischer und arabischer Kinder in Palästina ein [Anm. der Übers.].

79 Vgl. Joav Gelber, *Moledet chadascha: alijat jehudei merkaz eropa weklitatam* 1933-1948 [Neue Heimat: die Einwanderung der mitteleuropäischen Juden und ihre Aufnahme 1933-1948], Jerusalem 1990, S. 407.

80 Jecke – das ist eine von galizianischen Juden geprägte spöttische Bezeichnung für die aus dem deutschen Sprachraum stammenden Juden. Die galizianischen Juden gaben den deutschen Juden diesen Namen, als sie in den 20er Jahren von Osteuropa nach Deutschland flüchteten oder einwanderten. Vgl. auch Anm. 1 [Anm. der Übers.].

weitergibt, sagt Bitteschön und jeder der einen Stein entgegennimmt, antwortet Dankeschön und reicht ihn weiter. Und so klingt das wie ein Rhythmus: Bitteschön Dankeschön Bitteschön Dankeschön Bitteschön Dankeschön und aus der Entfernung klingt es wie das Zischen der Eisenbahnräder: „Tsch Tsch Tsch".

6. Der TEVA-Traum wird Realität

Familie Friedländer begann ihr Leben in Jerusalem in einer Mietwohnung in der Alfasi-Straße Nummer 45 im Viertel Rechavia und nach einiger Zeit brachte Lotte ihren erstgeborenen Sohn David auf die Welt. Die Firma verlangte Investitionen und in der Zwischenzeit musste eine dreiköpfige Familie versorgt werden.

Günther fand eine Anstellung an der Hebräischen Universität auf dem Skobusberg im Chemielabor von Dr. Moshe Weizmann und plante, organisierte und überwachte gleichzeitig die Vorbereitungsarbeiten für die Gründung der TEVA. Die Arbeiten schlossen den Erwerb des Geländes ein, das Erstellen eines Zeitplans sowie den Bau des Gebäudes. Zunächst musste die Finanzierung des Geländes, des Architekten und die Bezahlung des Rohmaterials gesichert werden. Erneut kam Kurt Grunwald ins Spiel, Mitglied des zukünftigen TEVA-Direktoriums, und stand beratend zur Seite, wie der Kredit, der den deutschen Einwanderern zur Verfügung stand, am besten für den Aufbau der Firma genutzt werden konnte. Die finanziellen Resourcen für die Firma setzten sich zusammen aus: 3,000 Pfund Sterling Eigenkapital und 1,900 Pfund Sterling Krediten, davon entfiel ein Darlehen auf die Japhet Bank in Höhe von 800 Pfund Sterling und 1,100 Pfund Sterling in Form von Hypotheken. Die Summes des Basiskapitals, das Günther zur Verfügung stand, betrug also 4,900 Pfund Sterling.

Als das Geld verfügbar war, suchten die Partner ein für industrielle Zwecke geeignetes Grundstück. Nach intensiver Suche fanden sie unbebautes Land im Stadtviertel Bajit Wegan, das damals gerade im Aufbau begriffen war: leer, felsig und weit abgelegen vom Stadtzentrum. Das Grundstück stand einsam an einem Ort, der später die Uzielstraße werden sollte. Das Fabrikgebäude wurde auf einer Bergrippe unter Nutzung des bestehenden Gefälles errichtet und als zweistöckiges Gebäude geplant. Die zweite Etage wurde teils auf dem Dach der ersten Etage erbaut, teils auf der Bodenfläche des Grundstücks und durch Außentreppen miteinander verbunden. Die Grundfläche des Gebäudes betrug 90 m^2, verfügte über 13 Zimmer, die als Büroräume, Produktionshalle, Laboratorien, Lagerräume, Toilettenräume und als späterere Wohnfläche gedacht waren, die eines Tages dem Gebäude angefügt werden sollte. Das ganze verbleibende Jahr war Günther mit dem Bau der Fabrik sowie dem Aufbau einer klinischen Apotheke beschäftigt, die der Hebräischen Universität in Jerusalem angeschlossen sein sollte. Er wusste, dass es nicht wenige Apotheker in Erez Israel gab, die aber aus verschiedenen Gründen die Studienlänge des maßgeblichen britischen Curriculums nicht erfüllt hatten und daher kein von der Mandatsregierung anerkanntes Diplom besaßen. Günther, dem das Unterrichten des Faches Pharmazie im Blut lag, dachte, dass man diesen Leuten helfen müsse, das Diplom nachzuholen.

Im November 1934 schrieb Friedländer ein dreiseitiges Memorandum, das sechs grundlegende Punkte für den „Aufbau einer Klinischen und einer Universitätsapotheke Jerusalem" enthielt. Drei dieser grundlegenden Punkte seien hier genannt:

1) Die klinische Apotheke übernimmt die ersten Anfänge einer pharmazeutischen Ausbildung, die sich zunächst auf Repitier- und Fortbildungskurse für die bereits im Lande arbeitenden, im Orient oder nicht vollständig ausgebildete Pharmazeuten beschränkt.
2) Aus den allseitigen Erfahrungen und unter Verfolgung der wichtigsten Fachliteratur der Welt schöpft die Klinische Apotheke die wohl zu ordnenden Grundlagen für die zu schaffende Pharmacopoea Hebraica.
3) Im Laufe der Entwicklung wird die Klinische Apotheke fähig sein, den Aufbau des Unterrichts für neu in den Beruf tretende Pharmazeuten vorzunehmen und an die Schaffung von Lehrbüchern heranzutreten [...].[81]

Bau des Firmengebäudes von TEVA, Jerusalem 1935

Bau des Firmengebäudes von T*EVA*, *Jerusalem 1935*

Tag und Nacht war Günther Friedländer mit dem Bau der Fabrik beschäftigt und betrieb parallel dazu die Verbreitung seiner Ideen für die Errichtung einer Klinikapotheke. Durch seinen Freund Kurt Grunwald kam er in Kontakt mit Prof. Otto Warburg, Botaniker von Weltruf und eine der tragenden Säulen des deutschen Zionismus, ein Pionier unter den Naturwissenschaftlern in Erez Israel sowie Leiter der botanischen und zoologischen Abteilung der Hebräischen Universität in Jerusalem. Warburg war damals in seinen späten 70ern. Die meiste Zeit seines Lebens lebte und dozierte er an Universitäten im Ausland, nahm aber Friedländers Projekt ernst und antwortete ihm:

Haifa 17.4.1935

Sehr geehrter Herr Dr.,

Ihr mir von Dr. Grunwald eingesandtes Memorandum hat mich sehr interessiert, da ich schon seit einigen Jahren die Universität – bisher vergeblich – zu veranlassen gesucht habe, eine pharmazeutische Abteilung (noch vor der schwierigen medizinischen Fakultät) einzurichten. Ich glaubte, dass sie sich mit sehr geringen Kosten (wenigstens vorläufig) einrichten ließe, indem man die bestehenden biologischen Kurse (d.h. die ersten 2 Jahre) hierzu benutzen könne, denen dann ein praktisches Jahr und dann die spezielle pharmazeutische Ausbildung folgen müsse, wozu außer einem Assistenten der Botanik für Pharmakognosis, einem Asistenten der Chemie (für pharmazeut. Chemie) nur noch ein Pharmazeut im Hauptfach benötigt würde.

Aus Ihrem Memorandum geht nicht hervor, was für Kräfte benötigt werden und so lassen sich daher auch nicht die Kosten berechnen. Ich nehme an, dass Sie der Ansicht sind, die Abteilung mit der medizinischen Fakultät zu verbinden, und daher annehmen, gleich einen großzügigen Plan entwickeln zu können. Ich fürchte, dass dann die Ausführung auf Jahre verschleppt wird, während gerade die pharmazeutische Ausbildung wegen des Andranges der Juden Europas an den meist verschlossenenen Türen der Universitäten doch ungewöhnlich groß ist.

Meiner Ansicht nach sollten Sie dem Memorandum noch ein kurzes Exposé hinzufügen, in dem Sie zeigen, wie man mit wenig Kosten schon jetzt als Provisorium beginnen kann.

Mit ausgezeichneter Hochachtung

Gez. O. Warburg[82]

Zwei Tage später antwortete Friedländer auf Warburgs Brief:

Rehavia [Jerusalem] 19.4. 1935

Sehr geehrter Herr Professor,

Ihr freundliches und promptes interessiertes Eingehen auf meinen durch Dr. Grunwald Ihnen zugesandten Brief verpflichtet mich zu bestem Dank. Ihre Bedenken gegen eine vorzeitige, zu weitgehende Planung und die hiermit verbundene Gefahr einer weiteren Verschleppung verdienen besondere Beachtung. Ich will deshalb Ihrem Hinweise folgen, ein wenig kostspieliges Provisorium zu überdenken und in Vorschlag zu bringen. Da Ihre Ansicht über den zeitlichen Ablauf und die Einteilung einer pharmazeutischen Ausbildung die meinige bestätigt, dürfte es nicht schwer sein, im Anschluss an diese Grundlinie einen provisorischen Aufbau vorzuschlagen. Ich bin mir jedoch auch über die Bedenken im Klaren, die gerade in diesem Falle einem Provisorium entgegen stehen, welches sich allein auf die sicher schwer beeinflussbaren bereits bestehenden Fachvertreter stützt. Ich werde aber an Übereinstimmung aufgrund herbeizuführender Diskussion des ganzes Gebietes glauben, wenn nur erst einmal der Stein ins Rollen zu bringen wäre. Wenn selbst Sie vor so unüberwindbaren Schwierigkeiten standen, bin ich allerdings nicht sehr hoffnungsfroh.

Ein Provisorium wurde m.E. also einerseits an die Möglichkeiten der allgemein-naturwissenschaftlichen Fächer anschließen, andererseits aber auch an die bereits in nuce bestehende Apotheke der Hadassah anknüpfen können.
[...]
Zur Zeit wäre sicher nur eine hauptamtliche Ordnung des Aufbaus und damit nur eine einzige Person mehr als bislang und einiges spezielles Material erforderlich. Ich will nunmehr allen Möglichkeiten nachgehen und bitte Sie vielmals, mir Ihren weiteren Rat hierbei nicht zu versagen. Für einen Hinweis an [eine] massgebliche Instanz wäre ich sehr dankbar.

In vorzüglicher Hochachtung

Ergebenst
Günther Friedländer[83]

---

82 CZA, AK462/6, Sammlung Günther Friedländer., Brief von Warburg an Friedländer, 17.4.1935. Vgl. hierzu Frank Leimkugel, „Botanischer Zionismus“ – Der Kolonialbotaniker Otto Warburg (1859-1938) und die Institutionalisierung der Biowissenschaften in „Erez Israel“, 2005, Kap. 9, S. 247-257. [Anm. der Übers.].

83 CZA, AK462/6, Sammlung Günther Friedländer, Brief von Friedländer an Warburg vom 19.4.1935.

Warburg hatte sich bereits seit den frühren dreißiger Jahren für die Institutionalisierung der Pharmazie an der Universität eingesetzt. Da jedoch die Universitätsgremien die Einrichtung des Studiengangs Pharmazie für nicht finanzierbar erachteten, sollten weitere 18 Jahre vergehen, bis es gelang, die Pharmazie 1953 an der Medizinischen Fakultät der Hebräischen Universität als Studienfach zu etablieren.[84]

Die Zeit raste und der Aufbau der Fabrik mit der offiziellen Eröffnung von TEVA, die in zwei Wochen stattfinden sollte, nahm Friedländer völlig in Anspruch.

Die Fabrik öffnete am 1. Mai 1935 ihre Pforten, obgleich die Bauzeit und der Erhalt aller amtlichen Bestätigungen vom Gesundheitsministerium fast zwei Jahre gedauert hatte. Günther nannte die Firma TEVA, wie er es bereits in seiner Jugend in Deutschland geplant hatte und ganz entsprechend seiner Weltanschauung, die er in einem Satz zusammengefasst hat:

> „Wir hatten die gute Absicht, der Natur des Menschen zu helfen, mit den Mitteln, die wir aus der Natur gewinnen wollten.“[85]

Das Firmenemblem wurde von Günther und Lotte gemeinsam entworfen. Er war für den inhaltlichen Teil zuständig, sie gestaltete und illustrierte seine Idee. Es war die Verbindung des mit hebräischen und lateinischen Lettern geschriebenen Firmennamens, die in der Verschlingung ihrer Anfangsbuchstaben ט und T zusammen eine Art Blume darstellten.

Logo von TEVA

Mittels des *Ha'avara*-Abkommens wurden aus Deutschland die Produktionsmaschinen und die ersten chemischen Präparate geliefert, und die ersten Mitarbeiter waren: Günther, Lotte, die sich in erster Linie um Sekretariatsarbeiten kümmerte, Else Kober und das Ehepaar Weinstock. Mina und Herr Weinstock wanderten auf Günthers Zuraten 1934 ein. Noch in Deutschland versprach er, ihnen mit

84 Siehe Kap. 8. dieses Buches und insbesondere Frank Leimkugel, „Botanischer Zionismus“ – Der Kolonialbotaniker Otto Warburg (1859-1938) und die Institutionalisierung der Biowissenschaften in „Erez Israel“, 2005, Kap. 9, S. 256 f. [Anm. der Übers.].

85 CZA, AK462/3, Sammlung Günther Friedländer, Autobiographischer Abriss [1968].

Arbeit und Wohnung zu helfen und das tat er auch. Das Ehepaar Weinstock stammte aus Galizien (ehemals Österr.-Ungarn, heute Ukraine) und gehörte zu den Flüchtlingsfamilien, die zu Beginn des Ersten Weltkriegs westwärts nach Deutschland geflohen waren. Sie sprachen ein mit Deutsch und Polnisch vermischtes Jiddisch. Im ersten Monat ihres Aufenthalts in Jerusalem wohnten sie in einem Einwandererheim, das neben dem *Bnai Brith*-Gebäude lag, und nach einem Monat mieteten sie ein Zimmer in einem der Mietshäuser der Stadt. Als die Fabrik eröffnet wurde, mieteten sie als Unterkunft das im Erdgeschoss gelegene Zimmer des Gebäudes. Einige Jahre später, als es ihnen etwas besser ging, zogen sie in eine kleine Wohnung in einem Haus gegenüber der Fabrik. Ihr Schicksal war mit dem Schicksal von TEVA von Anfang an verbunden. Dort arbeiteten sie, lebten sie und dort wurden ihre Kinder geboren. „Herr Weinstock" – so wurde er von allen genannt – war tagsüber für die Wartung der Fabrik zuständig und abends verkaufte er die in der Fabrik hergestellten Medikamente. Mina war der „Pfeffer" des Paares: Sie war klug, „galizianisch" und hatte viel Humor. Ihr oblag die Reinigung der Fabrik und sehr früh am Morgen stand sie auf, um zu putzen, bevor die Arbeiter kamen. Später, als nach dem Zweiten Weltkrieg das Ausmaß der Ermordung der europäischen Juden bekannt wurde, pflegte Mina immer zu erzählen, dass es Friedländer war, der ihnen das Leben gerettet hatte. Wenn er sie und ihren Mann nicht angetrieben hätte, nach Erez Israel einzuwandern, wären sie in Deutschland geblieben und es hätte sie dasselbe Schicksal ereilt wie die vernichteten europäischen Juden.

Charlotte Friedländer

Er war eine ereignisreiche Zeit für die Familie Friedländer: Fünf Monate nach ihrer Ankunft im Lande wurde am 3. September 1934 ihr erster Sohn David geboren. Das Kind brachte große Freude in die kleine Familie: Gerade erst waren sie im neuen Land angekommen und schon wuchs und vergrößerte sich die Familie und neues Leben entstand in ihrer Mitte. Paula, die Großmutter des Neugeborenen, lebte zu diesem Zeitpunkt noch in Deutschland. Etwa zwei Jahre später, nachdem die Nationalsozialisten die Macht gekommen waren, wurde Paula als Jüdin Ende Dezember 1934 von ihrer Arbeitsstelle entlassen. Ein weiteres Jahr verging, bis sie ihren Besitz verkauft hatte, das Einwanderungszertifikat erhielt und sich ihrer Familie in Erez Israel anschloss, so dass am 12. Dezember 1935 die Familienzusammenführung glücklich vollzogen werden konnte.

In der Zwischenzeit wurde Lotte zum zweiten Mal schwanger. Großmutter Paula half bei der Betreuung des kleinen David und dieses Mal war es ihr vergönnt, ihre Enkelin Ruthi vom ersten Tag an zu sehen. Sie lebte noch vier Jahre mit ihrem Sohn und seiner Familie in Jerusalem. Am 17. Dezember 1939 starb sie im Alter von nur 64 Jahren und liegt auf dem Ölberg in Jerusalem begraben. Die Familie zog nach ins Viertel Beit Hakerem, wo sie in der Hechaluzstraße eine Wohnung gemietet hatte. Ihr neuer Nachbar war die Familie des Rechtsanwalts Boazson, einem Anteilseigner und Mitglied des Aufsichtsrates der Firma, und Freund der Familie. Das Stadtviertel Beit Hakerem wurde 1925 gegründet und entwickelte sich seitdem ständig. Die Einfamilienhäuser wurden aus Stein auf felsigen Untergrund in einigem Abstand voneinander gebaut. Die Natur beherrschte jeden Winkel und die Kinder des Viertels liebten es sehr, mit den herabgefallenen Zapfen der Pinienbäume zu spielen, die Pinienkerne herauszulösen und den Duft der Pflanzen und der Erde zu riechen, die sich mit den wechselnden Jahreszeiten änderten. Im Herbst blühte die Meerzwiebel weiß und die gelben Fenchelpflanzen wuchsen überall. Im Winter war der Boden von einem farbigen Blütenmeer aus Anemonen, rotem und gelbem Hahnenfuß und Alpenveilchen bedeckt.

Die Firma wächst

Kurt Grunwald beriet und begleitete TEVA auf dem finanziellen Sektor und war Mitglied des Aufsichtsrates, noch bevor es ihn offiziell überhaupt gab. 1938 bedurfte Teva finanzieller Unterstützung. Friedländer bereitete für Grunwald ein Exposé vor, in dem er die letzten drei Jahre der Firmenentwicklung zusammengefaßt hatte und seine Ansicht über den Abschluß der durchgeführten Vorbereitungsarbeiten, über die Arzneimittelproduktion sowie neuer Forschungsprojekte für die Zukunft zum Ausdruck brachte:

Es sind im Gebirge Anbauversuche gemacht worden mit Kamille, Digitalis, Verbascum, Urtica u.a.m. Die Kamille ergab eine solche Qualität, dass sie von Gebirgssiedlungen mit Erfolg angebaut werden könnte.
[...] Theoretisch und experimentell beendete Vorarbeiten für die Zukunft:

a) Medizinische Auswertung des Jam Hamelach [Totes Meer]-Asphaltes;
b) Arbeiten auf dem Gebiete der Antisepsis und der Desinfektion;
c) Herstellung von Calcium-Verbindungen;
d) Weitere Zurückführung der Procardin-Synthese bis zum Nicotin bzw. Chinolin;
e) Schädlingsbekämpfungs-Präparate auf der Basis von Derris elleptica und Kupfer:

Theoretisch beendete Vorarbeiten:

a) Ausbeutung des wildwachsenden und in Kultur befindlichen Oleander;
b) Verwertung der Orangenschale für medizinische Zwecke

Wertvolle Problemstellungen:

a) Synthese eines Wurmmittels
b) Anbau einer Vitamin C liefernden Pflanze
c) Anbauversuche mit Ephedra vulgaris[86].

Grunwald war Berater der palästinischen Kalisalzgesellschaft[87] und im Rahmen seiner Arbeit kam ihm zu Ohren, dass auf dem Toten Meer Asphaltblöcke schwammen und er erfuhr auch von der Heilwirkung des Bitumens (Bitumen Palestinum), das eine hohe Salzkonzentration sowie organischen Schwefel enthält, der die Haut nicht reizt. Kurt ließ Friedländer darüber informieren. Dieser kannte die historischen Berichte von Flavius Josephus und hatte auch schon in Görlitz einen Vortrag darüber gehalten. Er forschte weiter und prüfte die Möglichkeiten, aus dem Bitumen medizinische Präparate zu gewinnen, die bei TEVA hergestellt werden könnten.

Bereits im ersten Jahrhundert hatte der jüdische Historiker Josef ben Matijahu, mit lateinischem Namen Flavius Josephus, in seinem schon zitierten Werk *Geschichte des jüdischen Krieges* über die Heilkräfte des Bitumens im Toten Meer berichtet:

„Es verlohnt sich der Mühe, auch über die Beschaffenheit des Asphaltsees einiges anzuführen. [...] Indessen treibt er auch an vielen Stellen schwarze Asphaltklösse an die Oberfläche, wo sie, an Gestalt und Größe Stieren ohne Köpfe gleich, herumschwimmen. Die am See beschäftigten Arbeiter fahren

86 CZA, AK462/6, Sammlung Günther Friedländer, „Exposé“ [1937/1938].

87 Die Gesellschaft wurde in Großbrittanien am 31. Oktober 1929 eingetragen und ihr vorrangiges Ziel bestand darin, die Mineralien des Toten Meeres zu nutzen. Am 31. Januar 1931 wurde die Firma als Lizenzunternehmen der britischen Mandatsregierung und des jordanischen Königreiches gegründet aufgrund eines Abkommens zwischen„ The Crown Agents for the Colonies acting for the Governments of Palestine and Trans-Jordan“ und Moshe Novomeysky, dem Direktor der Firma seit ihrer Gründung, und dem Major Thomas Gregorie Tulloch. Vgl. hierzu Abraham Yaari, *Sichronot Erez Jisrael* [Erinnerungen an Erez Israel], Jerusalem 1947, Bd. 2, Kap. 118.

auf diese Klösse zu, machen sich an die dick geronnene Masse und ziehen sie in ihre Boote herein. Nicht so leicht ist es aber, die Masse wieder aus den damit gefüllten Booten herauszubefördern, da infolge seiner großen Zähigkeit das Pech solange am Fahrzeuge haftet, als es nicht mit Menstruationsblut und Urin, die allein es wegbringen können, abgelöst wird. Man verwendet es mit Nutzen nicht bloß zum Verpichen der Schiffe, sondern auch zur Heilung körperlicher Leiden, indem es einen Bestandtheil von einer Menge Heilmittel bildet."[88]

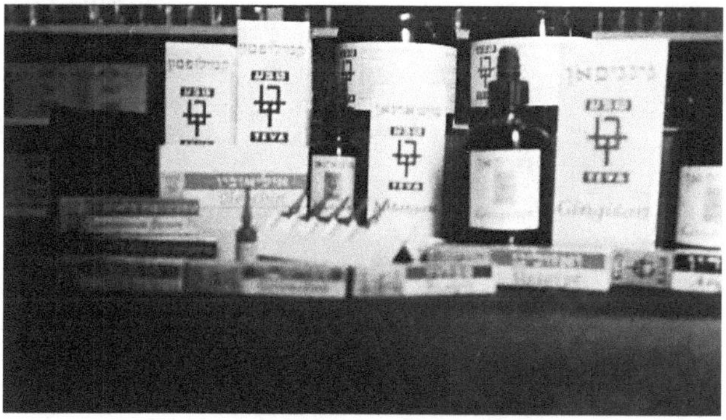

TEVA Produkte

Das verborgene Potenzial des Asphalts passte zu Friedländers Vision und zu seiner Strategie, die er für TEVA erdacht hatte, nämlich Rohstoffe zu verarbeiten, und so aus den natürlichen Resourcen des Landes Arzneimittel herzustellen. Er übernahm die Idee, um den Asphalt für ein zukünftiges Projekt zu verwenden. Wann wurde das Projekt durchgeführt? Das stand noch in den Sternen, aber schon damals fand Friedländer einen Namen für das zukünftige Medikament gegen Hautkrankheiten: Bitupal – eine Verbindung der beiden Worte **Bitu**men **Pal**estinum.[89]

Die ersten Präparate, die auf den Markt gingen, waren Kamillopaton und Gingisan, Konzentrate für Mund- und Rachenspülungen, die aus Kamille hergestellt wurden, welche erfolgreich in den Bergen gezüchtet wurde. Im Gegensatz zu der in Europa wachsenden Kamille enthielt die palästinische Kamille einen höheren Prozentsatz an ätherischen Ölen, aber es gab niemanden, der sie im Land züchtete. Die Kibbuzim waren damals als potenzielle Züchter am kommerziellen Anbau von Pflanzen nicht interessiert. In einer Gärtnerei am See Genezereth

88 Flavius Josephus, *Geschichte des jüdischen Krieges*; aus dem Griechischen übersetzt von Philipp Kohout, Linz 1901, S. 338 f., Buch 4, Kap. 8, 4; <http://de.wikisource.org/wiki/Juedischer_Krieg/Buch_IV_8-11> (3. Sept.2011) [Anm. der Übers.].

89 Asphalt ist eine Bitumenart und bezeichnet ein natürlich vorkommendes Gemisch aus verschiedenen organischen Stoffen, das im nicht oxidierenden Schlamm am Boden des Toten Meeres enthalten ist. Bitumen, auch Erdpech genannt, hat eine hohe Viskosität und weist eine Färbung von schwarzbraun bis schwarz auf.

züchtete man versuchsweise virginischen Tabak (Nicotiana tabacum) für die Herstellung des TEVA-Präparats Procardin zur Behandlung von Herzkrankheiten. Des Weiteren wurde in der Gärtnerei Oleander (Nerium oleander) gezüchtet – eine typisch palästinische Pflanze – um aus ihm das Präparat Foliandrin zu gewinnen, ebenfalls ein Medikament gegen Herzkrankheiten.[90] In der TEVA-Werbung wurde Foliadrum als typisch palästinisches Erzeugnis vermarktet.

Arzneimittel Foliandrin, gewonnen aus dem Oleanderbaum

90 Vgl. Frank Leimkugel und Wolf-Dieter Müller-Jahncke , Vertriebene Pharmazie: Wissenstransfer durch deutsche und österreich-ungarische Apotheker nach 1933, Stuttgart 1999, S. 28 [Anm. der Übers.].

Obwohl es Friedländers Bestreben war, hauptsächlich medizinische Präparate zu produzieren, die aus Pflanzen gewonnen wurden, die in Erez Israel wachsen, war dies aus finanziellen und technologischen Gründen nicht immer möglich. Die Chemiker der Firma synthetisierten erfolgreich Ascorbinsäure aus Nikotin und hatten auch Erfolg bei der vollständigen Synthese von Kalzium- und Strontiumsalzen. Friedländer gelang es auch, die Ärzte in Erez Israel zu überzeugen, Glutaminate und Levolinate zur Anwendung zu bringen. Strontiumadipinat wurde erfolgreich in der Behandlung des Katarakts angewendet. Außerdem konnte Friedländer Erfolge in der pharmazeutischen Technologie verzeichnen, wie etwa die Mischung von Papaverin und Adrenalin in einer Lösung. 1934 meldete er in Großbritannien das Patent für die Produktion eines Sulfanilamidderivates an.[91]

Die Belegschaft wächst

Im Mai 1939 kam der Pharmazeut Hans Sieburth zu TEVA (später sollte er seinen Namen in Hanan Siv-Or ändern).[92] Die Vereinigung der deutschen Einwanderer vermittelte ihn an TEVA für den Posten der pharmazeutischen Produktionsleitung. Als industrielle Fabrik steckte die Firma dauerhaft in finanziellen Schwierigkeiten und die Finanzierung des Gehalts für einen weiteren Pharmazeuten überstieg ihre finanziellen Kräfte. Anderseits konnte die Firma ohne einen zusätzlichen Pharmazeuten nicht prosperieren. Else Kober, die bis an Geiz grenzende, sparsame Inhaberin des Kapitals rümpfte die Nase und sagte, dass die Firma sich ein weiteres Gehalt nicht leisten könne. Aber Günther gab nicht nach und bot eine kreative Lösung: Er sagte Sieburth, dass er nur als Mitarbeiter angenommen werden könne, wenn er 1000 Pfund Sterling in die Firma investieren würde – genau der Betrag des persönlichen Kapitals, das er aus Deutschland mitgebracht hatte. Sieburth hatte keine Wahl: TEVA war die einzige Firma in Jerusalem, in der er in seinem Beruf arbeiten konnte. Zwar konnte er die geforderte Summe nicht aufbringen, erhielt aber von der Jakob Japhet Bank Gesellschaft einen Kredit und investierte 600 Pfund Sterling. Wie er diesen Kredit beglichen hat, entzieht sich unserer Kenntnis. Später verließ er die Firma für einige Zeit, um nach Burma zu gehen und bei der Abschiedsfeier, die ihm zu

91 Vgl. ebd., S. 34.

92 Der Apotheker und Lebensmittelchemiker Hans Sieburth oder Hanan Siv-Or, geboren 1913 in Magdeburg, hatte vor seiner Einwanderung 1937 in der pharmazeutischen Industrie gearbeitet. Vgl. hierzu Frank Leimkugel, *Vertriebene Pharmazie: Wissenstransfer durch deutsche und österreich-ungarische Apotheker nach 1933*, Stuttgart 1999, S. 34 f. [Anm. der Übers.].

Ehren ausgerichtet wurde, erzählte er die Geschichte seiner Aufnahme in die Firma TEVA in einer Mischung aus Humor und bitterem Zynismus.

Etwa zur selben Zeit wurde Dr. Stein als leitender Chemiker bei TEVA angestellt. Die Fabrik war damals im Besitz der Lizenz zur Herstellung von fiebersenkenden und schmerzstillenden Präparaten und Stein war für ihre Herstellung verantwortlich. Friedländer gab dem Präparat den Namen Optalgin, eine Wortschöpfung aus Optimum und Algin – schmerzlindernde Stoffe. Der Vorzug des Optalgin bestand in seiner Eigenschaft als schmerzstillendes Mittel mit sofortiger Wirkung. Später hatte Dr. Scheinberg diese führende Position inne und nach ihm kam der Pharmazeut De Zuta, ein Einwanderer aus Holland, der für die Herstellung der Antibiotika zuständig war.

Als am 1. September 1939 der Zweite Weltkrieg ausbrach, bestand die Firma bereits viereinhalb Jahre und begann zu prosperieren. „Kriege sind schlecht für den Menschen und gut für die pharmazeutische Entwicklung", schrieb Günther. Und daher sind Arzneimittel ein unverzichtbares Produkt bei Notfällen und Kriegszeiten.

Zu jener Zeit gelangten Einwanderer ins Land, denen die Flucht aus Europa im letzten Augenblick gelungen war und die lokale Bevölkerung begann zu wachsen. Außerdem verstärkte die britische Armee in allen Mittelmeerländern ihre Truppen, sodass sich durch das Militär ein neuer Markt für Arzneimittel erschloss. Kurz vor Ausbruch des Krieges prophezeite Friedländer:

> „Nach unseren Beratungen bezüglich der Versorgung während des Krieges kommen zwei Aufgaben auf uns zu: Erstens müssen wir den Nachschub der Rohmaterialien sicherstellen, die man zu gegebener Zeit zur Herstellung der erforderlichen Medikamente verarbeiten kann. Zweitens müssen wir Maschinen mit hoher Produktionsleistung bereitstellen, die es uns ermöglichen, Medikamente in enormer Menge zu produzieren, denn bisher wurden nur begrenzte Mengen benötigt. Was die Forschung auf dem Gebiet der Pharmazie in Erez Israel angeht, so herrscht die weit verbreitete Meinung, dass es sich lediglich um eine Industrie für die letzten Produktionsphasen handelt. In gewissem Maße ist das richtig, denn eine Industrie, die sich nicht nach wirtschaftlichen Gesichtspunkten ausrichtet, entbehrt der existenziellen Grundlage. Um ein Präparat zu erhalten, das dem internationalen Standard entspricht, sind manchmal selbst im letzten Produktionsstadium noch Änderungen notwendig. Im Land wurden einige medizinisch-chemische Arbeiten durchgeführt, aber es fehlt noch immer an pharmazeutischem Forschungsinstitutionen, die für derartige Forschung verantwortlich wären. Solange diese Forschungseinrichtungen fehlen, fällt die Pflicht der Arzneimittelprüfung und ihrer Wirkungskontrolle auf Kliniken und private Institute."[93]

93 Friedländer, Manuskript eines hebr. Vortrages (1939), Familienarchiv Nomi Eshhar.

Der Krieg vesetzte der Entwicklung von TEVA einen Aufschwung und schuf die Basis für den Arzneimittelexport und die Versorgung der alliierten Truppen, die sich damals im Nahen Osten aufhielten.[94]

Kreditknappheit

Entwicklung erfordert Resourcen und Kreditknappheit begleitete TEVA seit jeher. Schon zu Beginn vermittelte Grundwald den Kontakt zwischen Friedländer und dem Bankier Jacob Japhet, ein Sohn der bekannten Berliner Bankiersfamilie, der 1933 in Jerusalem die Jacob Japhet & Co Bank gegründet hatte und in der Folge Filialen in Tel Aviv und Haifa eröffnete. Zur selben Zeit kam Dr. Alfred Feuchtwanger ins Land, ein Sohn einer weiteren bekannten Bankiersfamilie aus Fürth. Die Bankgeschäfte der Familie Feuchtwanger konzentrierten sich bis zur Machtübernahme der Nationalsozialisten auf Deutschland, seit 1933 jedoch verlagerte die Familie ihre Bankgeschäfte ins Ausland. 1934 gründeten die Brüder Dr. Leo und Theodor Feuchtwanger die J.L. Feuchtwanger-Bank in Tel Aviv und ein Verwandter ihrer Familie, Alfred Feuchtwanger kooperierte als Partner der Banken in Tel Aviv und in Zürich. Jacob Japhet und Alfred Feuchtwanger waren durch Heirat verwandt, denn Jacob war der Ehemann von Elisabeth Feuchtwanger, einer Großcousine von Alfred Feuchtwanger und dieser wirkte als Seniorpartner der Jacob Japhet & Co Bank in Jerusalem.[95] Die Bankiers deutscher Herkunft führten einen neuen Banktyp im Land ein – die Privatbank, die Kredit gewährte und Depoteinlagen, Ex- und Importfinanzierung durch Kreditbriefe, Handel mit Münzen und Silberbarren, Wertpapiere, Treuhänderfonds sowie die Kooperation als Gesellschafter ermöglichte.[96] Alfred Feuchtwanger wurde Gesellschafter von TEVA mit mindestens einem Drittel Beteiligung und von diesem Zeitpunkt an wurden die Firmenangelegenheiten über seine Bank geregelt.

Jacob Japhet führte die Geschäfte der Japhet Bank sechs Jahre bis zu seinem Tod 1939, dann übernahm Alfred die Leitung der Bank und verlegte die Zentrale

94 Nach einer schriftlichen Mitteilung von Dr. Herbert Lehmann, Haifa, Israel, zitiert in: Leimkugel *Wissenstransfer*,1999, S. 36 f. [Anm. d. Übers.].

95 Vgl. Nahum Gross (Hg.), *Kurt Grunwald at eighty: a bibliography*, Faculty of Social Sciences, Hebrew University of Jerusalem, Jerusalem 1981. Hebr. Ausgabe S. 50-53.

96 Vgl. Joav Gelber, *Moledet chadascha: alijat jehudei merkaz eropa weklitatam 1933-1948* [Neue Heimat: die Einwanderung der mitteleuropäischen Juden und ihre Aufnahme], Jerusalem 1990, 419 f.

der Bank von Jerusalem in die Rothschild-Allee nach Tel Aviv.[97] Aber Alfred kam mit Ernst Japhet, Jacobs Sohn und seinen Erben, nicht zurecht und zwischen ihnen schwelten Macht- und Generationskämpfe, unter anderen aufgrund unterschiedlicher ökonomischer Ansichten. 1951 unternahm Alfred den Versuch, die Japhet-Bank mit der Igud-Bank zu vereinen. Dieser wäre fast geglückt, wenn Ernst und seine Mutter – Elisabeth Japhet – das Vorhaben nicht torpediert hätten. Im Gegenzug entließ Alfred als Generalbevollmächtigter Ernst Japhet und dieser wiederum verklagte ihn in mehreren Instanzen. Nach Ablauf von zwei Jahren 1953 verkaufte Elisabeth Japhet-Feuchtwanger, Jacobs Witwe, ihre Anteile an Alfred und seitdem war er der alleinige Eigentümer der Japhet-Bank, bis sie schließlich 1957 an Investoren aus Südafrika verkauft wurde.

Während all dieser Stürme und Kämpfe war Alfred Gesellschafter bei TEVA und half der Firma in Kreditangelegenheiten. 1951, als es ihm beinahe gelang, die Japhet-Bank mit der Igud-Bank zu vereinen, verlagerte er die Bankgeschäfte der Firma zur Igud-Bank und initiierte auch ihre Präsenz an der Tel Aviver Börse als eingetragene Aktiengesellschaft. Im Verlauf dieses Prozesses forderte Alfred, das Potenzial der finanziellen Resourcen der Firma zugunsten ihrer weiteren Entwicklung zu vergrößern. Die Tel Aviver Börse war damals noch keine offiziell eingetragene Börseninstitution und war unter dem Namen „Tauschbüro für Wertpapiere" bekannt. Erst zwei Jahre später wurde sie offiziell als Börse für Wertpapiere eingetragen.

Der Mangel an Kapital war eine Dauersituation bei TEVA, so dass der Erwerb von Rohstoffen über die Igud-Bank abgewickelt wurde, die die Firmenkonten in Jerusalem verwaltete. Die Bank finanzierte den Erwerb der Rohmaterialien auf Kreditbasis und verwahrte sie bis zur Rückzahlung. Die Bankangestellten bestellten, erwarben und verwahrten die Rohstoffe in den verschlossenen Depoträumen der Bank. Dieser Transfer ging mit größter Vorsicht und strengster Kontrolle von statten. Arthur Lichtenstein, der Finanzmanager von TEVA, führte als Firmenrepräsentant die Gespräche mit der Bank. Jedesmal, wenn die Firma den Vorrat ihrer Rohstoffe auffüllen wollte, wandte Lichtenstein sich an die Bank, vertrat ihre Ansprüche und konnte so die Rohstoffe Schritt für Schritt auslösen. In der Fabrik wurden die Rohmaterialien in verschiedenen Abteilungen gelagert. Erst in den 50er Jahren wurde auf dem Firmengelände in Bajit Wegan ein eigenes Lager für diese Zwecke gebaut.

---

97 Vgl. Shlomo Frenkel / Shimshon Bichler, *Hamejuchasim – Azulat hahon shel jisrael* [Die Priviligierten – die Finanzelite Israels], Tel-Aviv 1984, S. 62-64.

Die jüdische Mutter ist eine Versicherung

„Ein Pharmaaunternehmen ist eine sichere Sache, denn eine jüdische Mutter wird immer Medikamente für ihre Kinder kaufen" – so pflegte Friedländer zu sagen, um sich selbst und seine Angestellten zu beruhigen, wenn die wirtschaftliche Lage wieder einmal schwierig war und Zweifel hinsichtlich der Zukunft auftraten. Die Bestellungen und die steigende Nachfrage nach Medikamenten während des Zweiten Weltkriegs führten zu einem Mangel an Arbeitskräften. Bei TEVA arbeiteten zu dieser Zeit acht Angestellte: die zwei Pharmazeuten, Dr. Friedländer selbst und Hans Sieburth; Else Kober als Geschäftsführerin; Hilda Mühsam als Sekretärin; Mina Weinstock als Reinigungskraft; Herr Weinstock als Hausmeister und Verkäufer; Hanna Herscheld und Sima Siton, denen mehrere Aufgaben oblagen, wie etwa die Herstellung verschiedener Präparate und ihre Verpackung. Es fehlte an Personal.

Das Stadtviertel Bajit Wegan entwickelte sich in der Zwischenzeit zu einem Wohnviertel, wo auch Frau Aini wohnte, deren Augen nichts verborgen blieb. Wer etwas oder jemanden suchte, musste nur Frau Aini fragen. Auch Günther Friedländer wusste das und wandte sich an sie mit der Bitte, für ihn eine gute und zuverlässige Arbeitskraft zu finden. Frau Aini verwies ihn an Malka Siton, Simas Schwester. Malka war damals 16 Jahre alt, Schülerin der Alliance-Schule[98] und ein sehr fleißiges Mädchen aus einer kinderreichen, armen Familie. Das Stellenangebot kam gerade zur rechten Zeit, denn die finanziellen Sorgen im Elternhause waren groß. Malka brach die Schule ab und begann, bei TEVA als „Mädchen für alles" zu arbeiten. Im Laufe der Zeit kamen weitere Schwestern hinzu, bis schließlich alle Siton-Töchter bei TEVA arbeiteten.

98 Alliance Israélite Universelle ist eine 1860 in Frankreich gegründete, und heute international vertretene, kulturelle jüdische Organisation, die unter anderem in vielen arabischen Ländern und später auch in Israel jüdische Schulen gründete [Anm. d. Übers.].

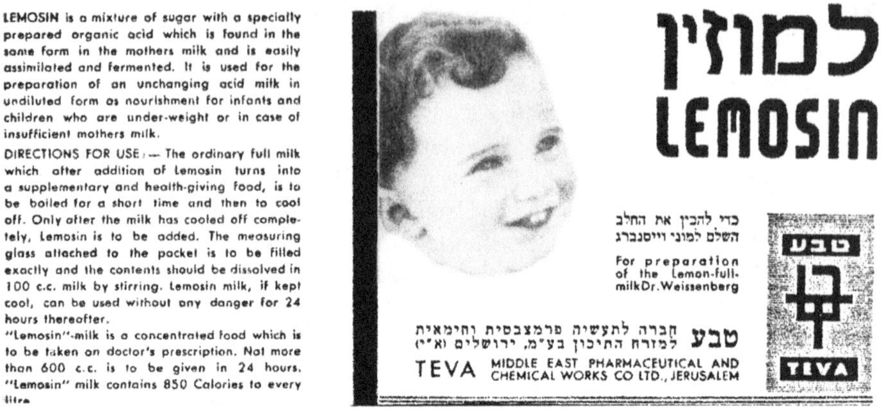

Verpackung des Arzneimittels Lemosin

Mit der Vergrößerung der Firma kamen noch weitere Angestellte, unter ihnen Erika Litman – die für das hermetische Verschließen der Ampullen zuständig war – und Levinstein, ein deutscher Einwanderer, der als Sekretär und rechte Hand Friedländers arbeitete.

1941 brachte Malka ihre Freudin Shula Lopez in die Firma und diese brachte ihre Schwestern Adina, Judith und Shosh, Tante Sa'adia Lopez, Hanna und Uri Levi, und zuletzt aus der Familie ihrer Mutter, der Shomer-Familie: Linda, Sarah, Rebekka und Rachel (Raschele) Shomer. So wurde Teva eine Art großer Familienbetrieb. Ehemalige Angestellte von TEVA, die heute Großeltern und Urgroßeltern sind, sagen: Das TEVA-Unternehmen unter der Leitung von Dr. Friedländer war für die Angestellten ein Ort des Wachstums und der Weiterentwicklung.

Die Friedländer-Prüfung

Jede neue Angestellte hatte ein Treffen mit Friedländer und musste sich der sogenannten „Friedländer-Prüfung" unterziehen: „Hast du jemals mit den Händen gearbeitet?" fragte er die Kandidatin. Und wenn die Antwort positiv ausfiel, bat er sie: „Strecke deinen Arm aus und spreize die Finger. Ich will sie sehen und deine Geschicklichkeit prüfen." „Kannst du Sprachen? Welche Sprachen? Verstehst du Deutsch?" Sprachkenntnisse waren ein wichtiger Faktor der „Friedländer-Prüfung" und jeder Kanditat wurde befragt, welche Sprachen er beherrsche. Die Kenntnis des Deutschen war natürlich ein großer Vorteil.

Hanna Herscheld, die Leiterin der Verpackungsabteilung, kam aus dem ultraorthodoxen Viertel Mea Shaerim in Jerusalem und hatte aufgrund ihrer Klugheit und Menschenkenntnis eine besondere Position in der Firma inne. Sie war die inoffizielle Beraterin der Firmenleitung in Personalangelegenheiten und vermittelte zwischen Friedländer, Kober und den Angestellten. In den Augen der Angestellten war Hannah eine moralische Autorität und bei Problemen wandten sie sich an sie. Insbesondere die jungen Mädchen, die bei Teva eine Anstellung fanden, suchten ihre Hilfe. Hannah beriet sie, nahm sich ihrer Probleme an und ihr großes Herz war offen für all ihre Sorgen.

In den 1940er Jahren stellte die Firma einige junge Männer an, die aus Deutschland eingewandert waren, kurz bevor die Grenzen dicht gemacht wurden. Ihre Familien waren in Deutschland geblieben und in der Shoah ermordet worden, und diese Jungen waren allein und auf sich gestellt. Zu ihnen gehörten Arie Rübenfeld (später Raviv), Dudi Frankfurt und Noah.[99] Friedländer liebte diese Jungs und war für sie wie ein Vater. Unter den jungen Angestellten gab es auch solche, die ihre Schulausbildung nicht mehr hatten abschließen können und Friedländer spornte sie an, ihr Abitur in den Abendkursen der Lemel-Schule[100] nachzuholen. Diese Unterstützung ließ er zum Beispiel Shula Lopez und Malka Siton zuteil werden, ermunterte sie und gab ihnen Lehrbücher, damit sie sich weiterbildeten und begleitend zur Arbeit eine Berufsausbildung abschließen konnten. So verfuhr er auch mit dem lernbegierigen Arie Rübenfeld, der studierte und nicht abließ, bis er Apothekergehilfe geworden war. Dudi Frankfurt machte seinen Weg in der Firma, bis er mit 18 Jahren zur israelischen Armee rekrutiert wurde und dann die Firma verließ. Friedländer erachtete die Erweiterung des Wissenshorizontes, Bildung und Kultur als zentrale Faktoren für das Weiterkommen und den Erfolg im Leben, und spornte daher die Jungen und Mädchen an, sich vor allem anderen um eine Ausbildung zu kümmern. Obwohl er sich um sie sorgte wie ein Vater, wahrte Friedländer Distanz zu seinen Angestellten und alle nannten ihn „Dr. Friedländer“. Sie fürchteten ihn, aber mochten und schätzen ihn auch, weil er ihnen Möglichkeiten für eine bessere Zukunft eröffnete, welches sie ihm nie vergassen.

---

99 Nachname von Noah nicht überliefert [Anm. der Übers.].

100 Die Lemel-Schule wurde 1856 in Jerusalem gegründet, um dem *Jischuv hajaschan* zu helfen, der alten jüdischen Gemeinde, die in Erez Israel seit der Zerstörung des Zweiten Tempels im Jahre 70 bis zur ersten Alija 1881-1882 lebte, also vor der zionistischen Einwanderung. Simon Edler von Lemel enstammte einer bekannten, österreichischen Philanthropenfamilie, die sich besonders auf dem Gebiet der Erziehung einsetzte [Anm. der Übers.].

TEVA-Mitarbeiter auf dem Firmengelände im Viertel Bajit Wegan

Während des Krieges stattete der Präsident der zionistischen Weltorganisation, Dr. Chaim Weizmann, der Firma einen Besuch ab. Dr. Friedländer hatte ihn in die Firma eingeladen, damit er mit eigenen Augen sehen könne, wie seine Vision Früchte trug und in welcher Weise die Begegnung mit den Studenten in Deutschland 1939 sie zur Einwanderung und zum Aufbau einer Industrie im Lande angespornt hatte.

Die Gehälter bei TEVA waren niedrig und die Arbeitsbedingungen schwer. Ungelernte Arbeiter verdienten ein palästinisches Pfund im Monat. Trotz der Hochachtung vor ihrem Chef brachten sie ihre Beschwerden vor. Doch Friedländer und Else Kober reagierten nicht auf diese Forderungen nach Gehaltserhöhung. Die wirtschaftlichen Möglichkeiten waren begrenzt, ja bescheiden, die extreme Sparsamkeit war die Handlungsmaxime beider.

Dr. Chaim Weizmann (links außen) während seines Besuchs bei T*EVA*, *und Elsa Kober (rechts)*

Im Erez Israel der britischen Mandatszeit wirkte seit 1920 die *Histadrut* – der „Allgemeine Verband der Arbeiter Israels" – als Dachverband der Gewerkschaften Israels, der die Arbeitnehmer gegenüber den Arbeitgebern vertrat und sich um ihre Arbeitsbedingungen kümmerte.[101] Die Angestellten von TEVA teilten Dr. Friedländer mit, dass sie sich der allgemeinen *Histradut* als Gewerkschaftsmitglieder anschließen wollten, damit die Gewerkschaft sie bei der Verbesserung ihrer Arbeitsbedingungen unterstütze.

Friedländer opponierte gegen die *Histradut* und ihre Forderungen, so dass die Angestellten eine Belegschaftsversammlung einberiefen, zu der sie auch die Firmenleitung einluden. Friedländer und Kober nahmen an dem Treffen teil und verhandelten mit den Angestellten, erreichten jedoch keinen Kompromiss. Daraufhin verkündeten die Arbeitnehmer einen Streik. „Was ist das Ziel des Streiks?" wollte Friedländer wissen. „Wir fordern festgesetzte Arbeitsbedingungen, Gehaltserhöhung und die Möglichkeit, Mitglieder der Gewerkschaft zu werden, damit unsere Rechte institutionell gewahrt und vertreten werden."

Der Streik dauerte einen Tag. Friedländer sah, dass die Angestellten standhaft ihre Forderungen vertraten. Mehr als alles andere lag ihm daran, dass die Arbeit in der Fabrik ohne Störungen fortgesetzt werden konnte und die Arbeitsruhe

101 Vgl. Eliyahu Agras, *Sipura shel hahistadrut,* Tel-Aviv 1961.

gewahrt werde. Da er überaus gesetzestreu war, ließ er seine Einwände fallen und akzeptierte ihre Forderungen. Die TEVA-Angestellten wurden also Mitglieder der *Histradut* und seitdem hielt sich die Firmenleitung an alle Forderungen der Gewerkschaft. Die Arbeitsbedingungen verbesserten sich, und infolgedessen stieg auch die Zufriedenheit und Motivation der Angestellten.

Seit jeher war die Industrie in Jerusalem ein Stiefkind der Stadt und es war nicht leicht, hier Schlüsselpositionen zu besetzen. Die bei TEVA vorherrschende deutsche Sprache erleicherte es, deutschsprachige Angestellte zu finden. 1943 kam Arthur Lichtenstein, ein Ökonom und Steuerberater, als Leiter der Finanzen zur Firma. Arthur, gebürtiger Berliner, war 1939 mit einem Studentenzertifikat eingewandert. Er war ein glühender Zionist und wollte unter allen Umständen in Jerusalem leben. Seit er die Stelle bei TEVA angenommen hatte, war die Firma seine erste Heimat. Unermüdlich widmete der bescheidene Lichtenstein ihr all seine Zeit und Energie. Jede noch so kleine Finanztransaktion bei TEVA lief über ihn. Lichtenstein war „Jecke“ in jeder Faser seines Wesens und nahm Kleines wie Großes überaus genau. Jede Rechnung wurde von ihm akribisch geprüft und sollte ein Groschen fehlen, ließ er es sich nicht nehmen, stundenlang den Fehlbetrag aufzuspüren. Er ließ nicht eher ab, bis er ihn schließlich gefunden hatte.

Als sein Sohn Gad ihn fragte: „Warum sitzt du unzählige Stunden, sogar am Schabbat, und suchst nach einem fehlenden Groschen?“ Und Lichtenstein erwiderte: „Wenn ein Groschen ungehindert fehlen kann, können auch eine Million Pfund verloren gehen.“

Im Zweiten Weltkrieg verkaufte die Firma ihre Arzneimittel an die Britische Armee. Die Briten wollten sowohl die Firma und ihre Arbeitsweise wie auch die Eigentümer und die Angestellten kennenlernen, und Friedländer war es wichtig, den Kontakt mit der britischen Führung zu intensivieren und sie in die Firma einzuladen. Und so kam eines Tages der Hochkommissar für das Völkerbundsmandat für Palästina, General Alan Gordon Cunningham[102], zu einem Besuch in die Firma, um vor Ort die Produktionsprozesse des Rohstoffs bis zu jenem von der britischen Armee verwendeten Endprodukt zu verfolgen. Cunningham machte seine Aufwartung mit einer beeindruckenden Entourage, sah sich in der Fabrik um und erhielt von Friedländer und Else Kober Erläuterungen über den Herstellungsprozess der Fertigarzneimittel. Er besuchte jede einzelne Abteilung, stellte Fragen und erhielt Antworten. Cunninghams Besuch ließ das Renommee von TEVA auf dem Arzneimittelmarkt beachtlich emporschnellen.

102 Cunningham war der letzte britische Hochkommissar für das Mandatsgebiet Palästina und hatte diese Position von 1945 bis zum Ende des britischen Mandats 1948 inne.

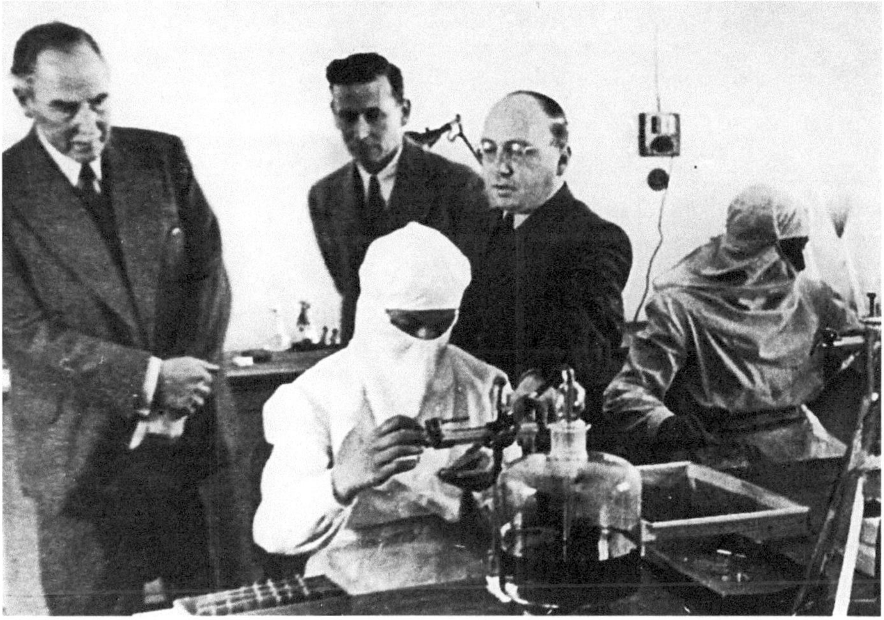

Besuch des britischen Hochkommissars Sir Cunningham (links) in der sterilen Abteilung von TEVA, *Günther Friedländer (rechts)*

7. Wechselfälle

Familie Friedländer

Günther und Lotte waren vierzehn Jahre verheiratet, hatten zwei gemeinsame Kinder, trennten sich und jeder ging seines Weges. Nachdem die Ehe aufgelöst war, entstand die Verbindung zwischen Günther und Johanna Singer Cohn, die einen Sohn namens Joram hatte und die geschiedene Ehefrau des Besitzers einer Verpackungsfabrik aus Haifa war, der TEVA Verpackungsmaterial nach Jerusalem lieferte. Sie kannten sich alle untereinander noch aus den 1920er Jahren in Deutschland, als sie im Jugendbund *Blau-Weiß* aktiv waren und führten die freundschaftlichen und geschäftlichen Beziehungen auch im Erez Israel weiter. Die Beziehung zwischen Günther und Johanna – genannt Hansi – verfestigte sich, und im Mai 1945 heiraten die beiden.

Hansi, 1908 in Berlin geboren, war sechs Jahre jünger als Günther und hatte die Familie Mühsam in Görlitz kennengelernt. Sie war Sekretärin, Stenotypistin und Übersetzerin für Englisch, Französisch und Deutsch. In den Jahren 1928 bis 1931 hatte sie in Joachim von Ribbentrops[103] Firma – die Berliner Niederlassung des Sektfabrikanten Otto Henkell, gearbeitet, die sich in der Mozartstraße 79 befand. 1931 wurde das Büro geschlossen und Hansi entlassen. Sie erhielt ein hervorragendes Empfehlungsschreiben, eigenhändig von Ribbentrop unterzeichnet mit einer Unterschrift die elf Zentimenter Länge und vier Zentimeter Höhe maß.[104] Niemand konnte damals wissen, welche zentrale und perfide Rolle Joachim von Ribbentrop in der Geschichte und bei der Vernichtung der europäischen Juden später einnehmen sollte.

Unmittelbar nach ihrer Hochzeit mit Günther wurde Johanna Friedländer schwanger und neun Monate später erblickte Nomi das Licht der Welt, mütterlicherseits die Schwester von Joram und von Seiten des Vaters die Schwester von

103 Ribbentrop war von 1938 bis Kriegsende Reichsaußenminister der nationalzialistischen Regierung. Er unterzeichnete im August 1939 den „Hitler-Stalin-Pakt“, auch bekannt unter dem Namen „Molotow-Ribbentrop-Pakt“. Ribbentrop wurde in den Nürnberger Prozessen angeklagt, in allen Anklagepunkten schuldig gesprochen, zum Tod durch den Strang verurteilt und im Oktober 1946 gehenkt.

104 Empfehlungsschreiben vom 30.9.1931, Familienarchiv Nomi Eshhar.

David und Ruthi. Günther erzählte in der Firma von den Veränderungen in seinem Leben und die Angestellten konnten dies am eigenen Leibe spüren. In der Firma wurde peinlich genau Distanz gewahrt zwischen den altgedienten und den neuen Angestellten. Zu den Feiertagen war es üblich, dass die altgedienten Mitarbeiter und die Mitglieder der Firmenleitung eine Schachtel Pralinen als Obolus erhielten. Die jüngeren Angestellten erfuhren von diesem Brauch nur ganz zufällig und beschwerten sich beim Schatzmeister Lichtenstein, der neben seiner administrativen Tätigkeit auch mit ihnen im Lager arbeitete: „Warum werden wir gegenüber den Altgedienten benachteiligt? Warum bekommen nur sie den Obolus?! Sind wir denn nicht Friedländers Angestellte?" musste er sich anhören. Als Johanna von dieser Sache erfuhr, sorgte sie dafür, dass alle Angestellten einen Obolus zu den Feiertagen erhielten. Die Angestellten spürten auf diese Weise ihren besänftigenden Einfluß, aber sie sahen sie nie, denn sie betrat niemals die Firma.

Nomi, Friedländers zweijährige Tochter aus der Ehe mit Johanna, Jerusalem 1948

Von links nach rechts: David, Ruthi und Yoram, Friedländers Kinder

Jerusalem unter Belagerung

Direkt nach der Verabschiedung des UN-Teilungsplans brach der Befreiungskrieg aus.[105] Der Krieg begann am 30. November 1947 mit der Inbrandsetzung des Geschäftszentrums und der Abtrennung West-Jerusalems vom jüdischenViertel in der Altstadt, das im Ostteil der Stadt liegt. Von diesem Zeitpunkt an herrschte ein Scharfschützen- und Guerillakrieg in der Stadt. Mit Hilfe der Briten gelang es den Arabern schließlich, Jerusalem von der Schfela-Ebene[106] abzutrennen. Die Wasserleitung von Rosh Ha'ajin nach Jerusalem wurde unterbrochen. In der Folge befand sich die Stadt zehn Monate im Belagerungszustand. Nur vereinzelt gelang es Versorgungskonvois, in das belagerte Jerusalem vorzudringen. Entlang der Demarkationslinie zwischen den arabischen und den jüdischen Gebieten hatte man Kontrollstellen, Absperrungen und Wachtürme errichtet, die von den

---

105 Vgl. *Ha'enziclopedia ha'ivrit*, <Jeruschalajim, historia misof ha'me'a ha-18 we'ad hajom> [Die Hebräische Enzyklopädie, Art. <Jerusalem, Geschichte vom Ende des 18. Jahrhunderts bis heute>, 1968, Bd. 19-20, S. 72. [Weiterführende Lektüre zum israelischen Unabhängigkeitskrieg: Chaim Herzog, *The Arab-Israeli wars*, London 1982 und erweiterte Ausg. 2004; Martin Gilbert, *Israel: A History,* London *1998;* Efraim Karsh, *The Arab-Israeli Conflict. The Palestine War 1948*, London 2002; Benny Morris, *1948: A history of the first Arab-Israeli war,* New Haven, Yale Univ. Press 2008, [Anm. d. Übers.]. .

106 Schfela, hebr. für Ebene, bezeichnet das Hügelland zwischen dem Bergland Judäas und der Mittelmeer-Küstenebene [erweiterte Anm. d. Übers.].

Leuten der nationalen paramilitärischen Untergrundorganisationen *Hagana*[107], *Etzel*[108] und *Lechi*[109] bemannt wurden.

Nachts lief Friedländer zu Fuß zwischen den Vierteln Beit Hakerem, Bajit Wegan und dem Stadtzentrum hin und her, umging die Kontrollstellen und schwebte mehrmals in Lebensgefahr. Die kämpfende Truppen wie Einwohner mit Arzneimitteln versorgende TEVA musste weiterproduzieren, hatte aber wegen der Belagerung nicht genügend Arbeitskräfte und keinen Zugang zu den benötigten Rohstoffen. Die Stadtviertel waren voneinander abgetrennt und die Stadt stand unter ständigem Beschuss von Scharfschützen und dauerndem Bombardement. Um mit der Arbeit fortfahren zu können, bedurfte es viel Einfallsreichtums und Erfindungsgabe.

Die Familie Lichtenstein wohnte im grünen Rechavia, das im Stadtzentrum lag. Die Wohnung hatte einen Keller, in dem Frau Lichtenstein Gymnastikunterricht erteilte. In dieser Notlage schlug Lichtenstein Friedländer vor, die Produktionsmaschinen in seinen Keller zu verlagern, um die Fortsetzung der Produktion sicherzustellen. Rohstoffe und zwei Produktionsmaschinen wurden also in den Keller nach Rechavia gebracht, so dass die Arbeit trotz der Bombardierungen der Stadt fast ununterbrochen weitergehen konnte.

Während man im Keller des Hauses noch Medikamente herstellte, wurde auf dem Dach des vierstöckigen Gebäudes eine „Davidka“[110] installiert, mit der die Altstadt beschossen wurde. Lichtenstein rannte zwischen Keller – wo er bei der Herstellung der Medikamente half – und Dach – hier war er bei der Einstellung der Zielgraden behilflich – hin und her. Während der Bombardements war die Fabrik tagsüber geschlossen. Gearbeitet wurde nachts, wenn das Gelände wegen des Nebels in der Dunkelheit versank. Zur Arbeit kamen hauptsächlich die Angestellten, die in der Nähe der Firma in Bajit Wegan wohnten. Strom gab es nicht, Lebensmittel waren rationiert. Am schlimmsten war der Wassermangel. Die Angestellten kamen von zu Hause, waren durstig und tranken nur in der

---

107 Die Hagana, hebr. für „Verteidigung“, war eine jüdische paramilitärische Untergrundorganisation, die 1920 in Palästina während des britischen Mandats gegründet wurde. Nach der Staatsgründung 1948 ging die *Hagana* in die israelischen Streitkräfte über [Anm. d. Übers.].

108 Hebräisches Akronym für *Irgun Tzva'i Le'umi*, d.i. „Nationale Militärorganisation“, die sich 1931 von der gemäßigten *Hagana* abspaltete und als zionistische paramilitärische Untergrundorganisation die britische Mandatsregierung in Palästina bis zur israelischen Staatsgründung bekämpfte [Anm. d. Übers.]. .

109 Hebräisches Akronym für *Lochamei Cherut Jisrael*, „Kämpfer für die Freiheit Israels“) war eine radikal-zionistische, paramilitärische Untergrundorganisation in Palästina, die 1940 als Abspaltung von der *Irgun* gegründet, zahlreiche Anschläge gegen die britische Mandatsregierung verübte und mit der Gründung des Staates 1948 formell aufgelöst wurde [Anm. d. Übers.].

110 Die „Davidka“ ist ein Minenwerfer von 7,6 Zentimeter Durchmesser, die von David Leibowitch entwickelt und nach ihm benannt wurde.

Firma ihre Wasserrationen, weil diese Wasserzuteilungen bekam. Friedländer erhitzte das Wasser über einem Gasbrenner sowie auf Holzfeuer und bereitete den Mitarbeitern ein warmes mit Vitamin C angereichertes Getränk zur Stärkung. Darüber hinaus sorgte er aber auch für ihre Familien. Er wusste, dass seine Angestellten viele Kinder hatten und Hunger litten, und versorgte sie mit Brot aus der nahegelegenen Bäckerei Angel. Jeder Laib Brot wurde in Scheiben geschnitten und jeder Mitarbeiter erhielt täglich eine Ration von zwei Brotscheiben.

Einige der jungen Mitarbeiter der Firma wurden zur Armee rekrutiert und nahmen an den Kämpfen um Jerusalem teil. Zwischendurch arbeiteten sie weiter in der Firma: Tagsüber kämpften sie in den verschiedenen Vierteln und nachts produzierten sie Medikamente. Uri Levi, der zu der weit verzweigten Lopez-Familie gehörte, verließ die Firma mit seiner Rekrutierung und fiel in einem der Kämpfe um die Befreiung Jerusalems.

TEVA wächst

Die Briten verließen das Land, der Befreiungskrieg war zu Ende und die gewaltige Anstrengung, der die Firma während der letzten Jahre ausgesetzt war, geriet in Vergessenheit. Aber in den arabischen Nachbarländern hatte man das Renommee der TEVA-Arzneimittel nicht vergessen. Das Ansehen der TEVA war entstanden, als die britische Armee im Nahen Osten präsent war , aber die Nachfrage nach Medikamenten blieb auch nach der Unabhängigkeit des Staates Israel bestehen. Der Konflikt mit den arabischen Staaten, die nun Feinde waren, unterbrach indes nicht den Export von Arzneimitteln auf verdeckten und indirekten Wegen. Bereits 1945, als die Firma bereits zehn Jahre bestand, formulierte Friedländer in einer Notiz für Kurt Grunwald die neue Firmenstrategie:

> „Es ist meine Linie, die Produktion einzelner Stoffe unter gleichzeitiger Märktebeschaffung so zu steigern, dass einige leading preparations langsam zur rationellen Großproduktion gebracht werden können. Auch diesem ist durch die ‚Mode in der Medizin‘ eine Grenze gesetzt und damit Vorsicht geboten. Folgerung ist, dass jeder chemische Maschinenpark mehrseitig verwendbar angelegt werden muss. Andererseits, aber eigentlich aus den gleichen beschränkten Marktgründen, muss das pharmazeutische Verkaufsprogramm sehr weitläufig gehalten werden, weil viel Kleinvieh auch Mist machen muss. Hier ist das Erscheinen von Konkurrenz-Doubletten unvermeidbar und auch keineswegs durch offiziellen Einfluß einzudämmen. Was der eine nämlich im Export nicht verkaufen kann, kann der andere aufgrund seiner individuellen Beziehungen der besonderen, bereits gut begründeten Basis seines Rufes und Absatzes, eher und besser verkaufen, und damit der Wirtschaft als solcher mehr einbringen. Das Konkurrenzprinzip als solches kann nicht abgeschafft werden. Die Formen des Konkurrenzkampfes könnten vielleicht veredelt werden. Abgrenzungen der Arbeitsprogramme sollten durch eigene Klugheit erreicht werden.“[111]

---

111 CZA, AK462/6, Sammlung Günther Friedländer, „Notizen für Dr. Grunwald“, 29.7.1945, S. 3 f.

Der junge Staat Israel war gegründet und damit wuchs der Bedarf an Arzneimitteln. Die israelischen Verteidigungsstreitkräfte, abgekürzt *Zahal,* wurden gegründet, große Einwanderungswellen aus Ost und West strömten ins Land und das Pharmaunternehmen TEVA wuchs, prosperierte und benötigte Arbeitskräfte. Es fehlte eine Telefonistin, welche die zahlreichen telefonischen Anfragen beantworten und Kontakte knüpfen konnte. Shula Lopez brachte ihre kleine Schwester Shosh in die Firma, die gerade die Alliance-Schule abgeschlossen und dort auch Französisch gelernt hatte. Shoshs Talente kamen auf vielen Gebieten zum Einsatz: Sie wurde für Sekreteriatsarbeiten eingesetzt, sie schrieb Rechnungen, sie arbeitete bei der Verpackung und beim Warenversand mit. Ihr Zimmer lag neben dem Büro der Firmenleitung, in dem sehr still Else Kober saß, die inzwischen über 60 war. Schweigsam und allein saß sie dort, stets verbittert und unzufrieden, nie kam ein Wort über ihre Lippen.

Die Firmenleitung und die altgedienten Mitarbeiter – Friedländer, Kober, Levinstein, Stein, Siv-Or und Lichtenstein sprachen untereinander Deutsch, schrieben Deutsch, berieten sich auf Deutsch und lasen medizinische Fachzeitschriften und Zeitungsartikel in deutscher Sprache. Hebräisch sprachen sie nur mit Israelis anderer Herkunft. Viele der jüngeren Angestellten lernten im Laufe der Jahre durch ihre Arbeit Deutsch.

Die altgediente Belegschaft lernte Hebräisch in einem Abend-*Ulpan*, einem Hebräisch-Intensivkurs und auf dem Nachhauseweg übten sie das Sprechen als Teil der Hausaufgaben. Hier wurden amüsante Verballhornungen geboren: „Pass' auf, dass du nicht auf die Trauben, die *anavim*, trittst!", sagte einer zu seinem Freund, und dieser korrigierte ihn: „Es heißt nicht Trauben, also *anavim*, sondern Steine, *avanim*." Und dann stritten sie: Trauben oder Steine? *Anavim* oder *avanim*? Mit alef oder mit ajin?

Zwischen den altgedienten ausgebildeten Mitarbeitern und den jüngeren Angestellten herrschte eine Distanz, die auf Mentalitätsunterschieden und unterschiedlichen Bildungsniveaus beruhte. Friedländer legte großen Wert darauf, Distanz zu seinen Angestellten zu wahren, und wenn er ärgerlich war – und das kam ziemlich oft vor – lief sein Gesicht rot an und er erhob die Stimme. In diesen Momenten zitterten die Angestellten vor Angst, wussten aber, dass sein Zorn ebenso schnell verrauchte, wie er sich entzündete. Wenn Friedländer oder Frau Kober sich den Abteilungen näherten, warnten sie sich gegenseitig: „Dr. Friedländer kommt! Frau Kober ist im Anmarsch!" Kober wurde weit mehr gefürchtet als Friedländer, denn sie hatte immer etwas auszusetzen, war stets säuerlich und mit strenger Miene. Dennoch hatte die Belegschaft Vertrauen zu ihrem Chef und wusste, dass er sich um jeden kümmerte und gerne half, Lösungen für berufliche und private Probleme zu finden.

Ende der 40er und zu Beginn der 50er Jahre wurden zahlreiche Neueinwanderer eingestellt. In der Verpackungsabteilung arbeiteten etwa 50 junge Frauen.

Die Neueinwanderinnen wussten aus bitterer Erfahrung, dass sie, um zu überleben, den Herrschenden und Direktoren geben mussten, was ihnen abverlangt wurde, und das waren sogenannte „kleine Geschenke unter der Hand“, so dass sie versuchten, diese Praxis auch bei der TEVA weiterzuführen. Aber Shula Lopez, die Leiterin der Verpackungsabteilung, verbot ihnen diese Pratiken und die jungen Einwanderinnen passten sich den im Lande üblichen Gepflogenheiten an und begnügten sich mit einem Blumenstrauss zu Pessach und Rosh Haschana.

Friedländer pflegte seine Wertschätzung den leitenden Angestellten gegenüber in Form eines Bonus-Briefumschlages auszudrücken. Wenn ihm einer der Angestellten diesen Briefumschlag zurückgab, weil es ihm unangenehm war, ihn im Beisein der anderen Mitarbeiter zu empfangen, war Friedländer beleidigt, verärgert und lief rot an, sprach aber später mit dem Betreffenden in seinem Büro, um die Sache aus der Welt zu schaffen. Bei dieser Gelegenheit sprachen sie dann auch über Probleme in der Firma und anfallende Beschwerden der Mitarbeiter. Friedländer hörte interessiert zu und die Wogen glätteten sich.

Aufbruch zu neuen Märkten

Vermarktung und Verkauf der TEVA-Medikamente lag anfangs in den Händen des Ehepaars Weinstock, die auf dem Firmengelände lebten. Mina kümmerte sich um die Reinhaltung des Gebäudes und Herr Weinstock arbeitete tagsüber als Hausmeister und in den Abendstunden widmete er sich mit Minas Unterstützung der Vermarktung und dem Verkauf. Sie nahmen die Warensendungen und trugen sie kilometerweit zu Fuß, manchmal ritten sie auch auf Eseln. Sie liefen von Bajit Wegan, das im Westen Jerusalems liegt, bis ins Stadtzentrum und erklommen von dort den Skopusberg im Osten der Stadt. Sie liefen von Arzt zu Arzt, von einem Krankenhaus zum nächsten, von einer Apotheke zur anderen. Manchmal schloss Friedländer sich ihnen an, um die Ärzte und Apotheker zu überzeugen, die Arzneimittel zu kaufen. In der Firma lebte man damals von der Hand in den Mund. Tagsüber wurde produziert, abends verkauft.

Mit den Jahren wuchs die Nachfrage auch von Standorten außerhalb Jerusalems und es musste ein Lieferant für das Zentrum des Landes gefunden werden. Friedländer hörte von Horowitz – einem Großhändler in Tel Aviv, der über ein Lager in der Ha'alija-Straße verfügte. Sie trafen sich und Horowitz erhielt die Vertriebslizenz für TEVA-Produkte im Zentrum des Landes. Nach einiger Zeit löste sich dieser Geschäftspakt und der Vertrieb ging auf Leo Schweitzer über, einen deutschen Chemietechniker, der mit Friedländer sofort eine gemeinsame Sprache fand: Beide waren aus Deutschland eingewandert, geprägt von deutscher

Sprache und Kultur, und beide waren in ihrer Studienzeit in der zionistischen Studentenbewegung KJV aktiv, dem Kartell jüdischer Verbindungen.

Schweitzer gründete die „Agentur Schweitzer, Vertriebsagent von TEVA“, die die TEVA-Produkte im ganzen Land vertrieb, mit Ausnahme von Jerusalem und Haifa. Die gesamte Korrespondenz und alle Gespräche wurden auf Deutsch geführt. Die Agentur residierte in einem gemieteten Zimmer in der Vier-Zimmer-Wohung von Dr. Wankeleff auf dem Tel Aviver Rothschild-Boulevard Nr. 56. Dr. Wankeleff importierte Arzneimittel aus Ungarn. Schweitzer war wie Friedländer sehr sparsam. Beide entstammten einer Tradition der Sparsamkeit und gaben sich persönlich mit wenig zufrieden, schöpften aber die Resourcen, die ihnen zur Verfügung standen, maximal aus. Um Kosten zu sparen, vermietete Schweitzer einen Tisch in seinem einzigen Büro an einen Steuerberater aus Bnei Brak.

Das Gesundheitsministerium der Mandatszeit war zuständig für die Erteilung von Genehmigungen für den Vertrieb von Arzneimitteln und verlangte die Existenz von Büroräumen, die nicht Teil einer Wohnung sein durften. Die Toilette in Wankeleffs Wohnung gehörte indes zum bewohnten Teil und entsprach damit nicht den gesetzlichen Bestimmungen. Um dem Gesetz Genüge zu tun, erfand Dr. Wankeleff eine Pseudotoilette in der Küche. Er installierte eine Kloschüssel, die er abdeckte, und nur, wenn der Prüfer des Gesundheitsministeriums kam, entferte er die Abdeckung und präsentierte die Kloschüssel als funktionierende Toilette, wie es das Gesetz verlangte.

Der Arzneimittelbedarf war während des Zweiten Weltkrieges sehr hoch, und Friedländer und Schweitzer rannten von Agent zu Agent, um die Bestellungen dann an die Fabrik nach Jerusalem weiterzuleiten. Die kleine sterile Abteilung der Firma war voll ausgelastet und produzierte riesige Mengen an Penicillin und Antibiotika, vor allem für den türkischen und ägyptischen Markt. Die Nachfrage nach TEVA-Produkten bestand auch nach dem Krieg weiter, aber Schweitzer ging noch anderen Beschäftigungen nach und konnte die erforderlichen Zeitpläne nicht einhalten. Der Bote, der die TEVA-Medikamente auslieferte, war mit dem Geld, das er von den Ärzten eingesammelt hatte, verschwunden. Schweitzer sah sich in einer ernsten Krise und suchte einen zuverlässigen jungen Mann, der ihm bei den Büroarbeiten, bei Botengängen, bei der Empfangnahme der Waren und bei der Belieferung der Kunden half. Frau Wankeleff, die Frau des Doktors, der ihm sein Büro vermietete, erholte sich damals von einer schweren Krankheit und mietete zur ihrer Rekonvaleszenz ein Zimmer in Bat Jam in der ruhigen Wohnung von Frau Schutz.

Frau Schutz war 1938 mit ihrem Sohn Gabriel aus Breslau eingewandert und vermietete als Lebensunterhalt Zimmer in ihrer Wohnung. Zwischen den beiden Frauen enwickelte sich eine freundschaftliche Verbindung und sie erzählten sich ihre Sorgen und Nöte. Frau Schutz sorgte sich um die Zukunft ihres Sohnes Gabriel, der gerade seinen Dienst bei der nationalen Küstenwacht abgeschlossen hatte und nicht in seinem Beruf als Graveur arbeiten wollte. Sie erzählte dies Frau Wenkeleff, die sich erinnerte, dass ihr Mieter Leo Schweitzer einen Mitarbeiter für seine Agentur suchte, und so entstand der Kontakt zwischen Gabriel Schutz und Leo Schweitzer. Bald stellte sich heraus, dass Schweitzer ein Freund von Gabriels Vater war, dem Rechtsanwalt Schutz. Sie kannten sich noch aus den Tagen der gemeinsamen Akivität im zionistischen Studentenverband KJV, dem Kartell jüdischer Verbindungen, und waren darüber hinaus sogar verwandt. Die Vermittlung war geglückt, die Bedingungen ausgehandelt und bereits am nächsten Tag begann Gabriel Schutz in der Agentur Schweitzer zu arbeiten.

Die Briten herrschten noch über das Land und die jüdischen Untergrundbewegungen verübten wiederholt Anschläge gegen die Besatzer, die sich von einer zunächst neutralen Position zunehmend auf die Seite der Araber geschlagen hatten. Als Reaktion pflegten die Briten Ausgangssperren über Tel Aviv zu verhängen, Durchsuchungen abzuhalten und Leute festzunehmen. Oft galt die Ausgangssperre ausschließlich für Tel Aviv. Um die leidigen Straßensperren in derartigen Fällen zu überwinden, wurde die Ware von TEVA in Jerusalem zu Sammelstellen ins südlich gelegene Bat Jam geschickt. Dort lud Gabriel sie auf sein Motorrad und belieferte die im Süden Tel Avivs gelegenenen Apotheken. Jede Kommunikation zwischen der Firma in Jerusalem und den Verteileragenturen lief über Schweitzer. Gabriel hatte nie einen Fuß in die Firma gesetzt, bis er eines Tages einen Erholungserurlaub in Jerusalem antrat. Schweitzer kündigte sein Kommen an und Gabriel wurde von Friedländer und Else Kober empfangen. Bei dem Gespräch zwischen dem jungen Agenten und der Firmenleitung von TEVA stellte sich einmal mehr heraus, wie sehr das Leben der zionistischen Juden in Deutschland miteinander verflochten war, denn auch Friedländer war in Deutschland ein Freund von Rechtsanwalt Schutz gewesen, und das war natürlich ein Pluspunkt für den jungen Mann.

Friedländer, der begeistert war, dass Gabriel seine berufliche Ausbildung an der Max Fein-Schule[112] genossen hatte, bot ihm die Leitung der technischen Instandhaltung der Firma an; eigentlich handelte es sich mehr um einen Befehl denn um ein Angebot. Der Rundgang durch die Firma und der Kontakt mit einigen Mitarbeitern konnte Gabriel jedoch nicht begeistern: Ihm offenbarte sich die Atmosphäre der Pedanterie und er spürte die Anspannung und Furcht der Angestellten vor ihrem Chef, verstand aber auch, dass sie in ihm einen sorgenden Vater sahen. Er erfasste schnell, dass Friedländer sehr zentralistisch agierte, auf jedem Gebiet bewandert war und seinem Auge nichts verborgen blieb. Jede

112 Eine bis heute bestehende renommierte Akademie für technische Berufe.

Bestätigung lief über ihn – selbst wenn ein Mitarbeiter einen halben Tag Urlaub nahm, was eigentlich im Aufgabenbereich des Personalleiters lag. Besucher, potenzielle Arbeiter und ausgebildete Kräfte, die zu TEVA kamen, um die Möglichkeit eines Arbeitsplatzes in einer Jerusalemer Firma zu prüfen, sahen in erster Linie die strenge Distanz zwischen den Arbeitnehmern und der Firmenleitung; die freundschaftlich-familiäre, typisch Jerusalemer Atmosphäre nahmen sie indes nicht war. Die Firmenangestellten sahen diese Dinge mit ganz anderen Augen.

Gabriel war sich der guten Eigenschaften Friedländers bewußt, zog es aber vor, von Tel Aviv aus für die Firma zu arbeiten und lehnte das Angebot ab. Friedländer war verärgert und akzeptierte die Ablehnung nicht. Er ließ Schweitzer einen rügenden Brief zukommen, in dem er Schweitzer des Egoismus zieh und ihm vorhielt, die Freundschaft unter Bundesbrüdern des KJV nicht zu ehren und nur an sich selbst und nicht an das Wohl der Firma denken würde. Friedländer konnte nicht verstehen, das jemand es ablehnen konnte, in Jerusalem zu arbeiten, der Stadt seiner Träume. 1948, nach Ausbruch des Unabhängigkeitskrieges, zog das Vertriebsbüro in die Josef Hanasi-Straße Nr. 6 in Tel Aviv.

1951 wurde Teva zu einer börsennotierten Aktiengesellschaft. Aufgrund der Veränderung erweiterte sich die Firmenleitung und entschied, den Vertrieb aus Schweitzers Händen zu nehmen und ihn an die Firma „Ha'achim Grin", an die „Brüder Grün" zu übergeben. Schweitzer blieb als Berater für die Firmenwerbung und entließ Gabriel Schutz, aber der Vertrieb sollte nicht in ruhigen Bahnen verlaufen. Die Firma der „Brüder Grün" war hoch verschuldet, stand kurz vor dem Ruin und zog TEVA mit sich, bis es beinahe zum Bankrott kam. Obwohl TEVA eine Aktiengesellschaft war, blieb Friedländer weiterhin der alleinige und dominierende Direktor und angesichts der schwierigen Lage musste er schnell handeln. Es wurde beschlossen, den Brüdern Grün den Vertrieb und die Auslieferung zu entziehen, aber es fand sich niemand, der diese Aufgabe übernehmen wollte, so dass ein Vakuum entstand. Friedländer wandte sich an Schweitzer und bot ihm von Neuem an, die Auslieferung zu übernehmen. Schweitzer war damals über 50 Jahre alt, sehr krank und verlangte ein Gehalt, das Friedländer zu hoch erschien. Daher wandte er sich an Gabriel Schutz und schlug ihm vor, Mitarbeiter des Unternehmens zu werden und den Vertrieb seiner Arzneimittel zu übernehmen. Schutz nannte seine Bedingungen und nach Verhandlungen kamen die beiden zu einer Einigung. Gabriel trat schließlich als regulärer Mitarbeiter in das Unternehmen ein und wurde Leiter des Tel Aviver Verkaufsbüros.

Seine Arbeit war sehr abwechslungsreich und beinhaltete Kontake mit Großhändlern, Apotheken, Krankenkassen, Krankenhäusern, den Gesundheits- und Verteidigungsministerien sowie weiteren öffentlichen Stellen. Außerdem sprang er in der Firma ein, wenn Not am Mann war, etwa bei der Beschaffung von Arzneiflaschen, chemischen Rohstoffen und dergleichen mehr. Zum Tel Aviver Büroteam gehörte der Jemenite Ovadja, der die Seele des Büros war: ein flinker Bote, penibel und korrekt, der seine Gänge mit dem Fahrrad erledigte. Außerdem die zuverlässige Frau Kopper, die Schwester des Eigentümers der Jacob Japhet & Co Bank, der Angestellte Moris Maslauwi, der Werbefachmann Schlomowitz, der Experte in allen Ausdrucksformen war, und schließlich Dr. Rabinowitz, der für die Werbung im Raum Tel Aviv zuständig war, sowie sein Stellvertreter Rafi Alterz.

Im Büro herrschte große Enge, denn es diente gleichzeitig als Warenlager. Vier Leute arbeiteten hier und teilten sich ein Telefon, das auf dem Tisch des Büroleiters stand. Jedes Klingeln ließ Frau Kopper am Nachbartisch hochschnellen. Sie lief zu seinem Tisch, setzte sich und störte ihn bei der Arbeit. Die Enge beeinträchtigte die Arbeitseffizienz und führte zu Streitigkeiten unter den Angestellten. Eines Tages hatte Gabriel genug und beschloss, ein weiteres Telefon anzuschaffen. Die Arbeit verlief wieder reibungslos und die Spannungen ließen nach. Aber als Friedländer dem Verkaufsbüro einen Besuch abstattete und den zweiten Telefonapparat sah, fragte er missbilligend „Was ist das?“ „Das ist ein Telefon“, erwiderte Gabriel. „Wer hat dir erlaubt, es zu kaufen?“, fragte Friedländer. „Wir brauchten eine zusätzlichen Apparat, um die Arbeit effizienter zu machen“, antwortete Gabriel. „Gut, dieses Mal lasse ich dir das durchgehen, aber in Zukunft wirst du keinen Groschen ohne meine Einwilligung ausgeben“, beschied der Chef.

Friedländers ambivalenter Charakter begleitete das Unternehmen seit jeher. Einerseits bedurfte jeder Schritt seiner persönlichen Genehmigung, andererseits erteilte er Gabriel die alleinige Unterschriftenvollmacht für das Firmenkonto bei der Bank Leumi in Tel Aviv – das Konto, auf dem alle Kundengelder und Ratenzahlungen, vor allem aber die Zahlungen der Institutionen eingingen. Einmal, als es Gabriel nicht gut ging, wandte er sich an seinen Vorgesetzten und sagte zu ihm: „Sie wissen, dass ich die alleinige Vollmacht über das Tel Aviver Konto habe. Es könnte eine Situation entstehen, dass ich erkranke und handlungsunfähig bin. Wer wird dann an meiner Stelle bei der Bank unterschreiben?“[113] Friedländer, der nur für das Jerusalemer Konto die Vollmacht besaß, nahm sich Gabriels Worte zu Herzen und ernannte Dr. Rabinowitz, den Werbefachmann, zum zweiten Unterschriftsbevollmächtigten.

1966 kam Baruch Shogul als neuer Mitarbeiter in das Büro. Ein junger Mann, der gerade die Militäruniform abgelegt hatte und nun in den Abendstunden Jura studierte. Friedländer selbst führte das Einstellungsgespräch für den Posten des Magazinleiters und dank der Tatsache, dass Shoguls Eltern aus Breslau stammten, erhielt dieser die Stelle sofort. Friedländer hatte in Breslau studiert und gelehrt,

113 Aus einem Interview mit Gabriel Schutz, Ramat Gan, 2008.

und Gabriel Schutz war in Breslau geboren. Aber die Herkunft gab natürlich nicht allein den Ausschlag. Friedländer war von dem jungen Mann, der Arbeit mit Studium verband, sehr beeindruckt und sah in Shogul möglicherweise einen zukünftigen Firmenanwalt. Er vereinbarte sofort ein monatliches Gehalt von 500 israelischen Pfund mit ihm, und alle drei Monate erhielt er 50 Pfund Gehaltserhöhung. Am Ende seines ersten Arbeitsjahres verdiente Shogul 700 Pfund im Monat. Nach weiteren sechs Monaten bot Friedländer Shogul eine Verbesserung an und entschloss sich, ihn gründlich in die Pharmakologie einzuweisen, damit Shogul als Pharmareferent arbeiten könne.

Das Vertriebsbüro in Tel-Aviv hatte sich vergrößert, inzwischen arbeiteten dort zehn Angestellte, und es war an der Zeit für Gehaltserhöhungen. Wie üblich entschied und handelte Friedländer allein, wollte sparen und gewährte die Zulagen nur neun Angestellten, der Zehnte sollte leer ausgehen. Das war eine inakzeptable Benachteilung. Gabriel schrieb Günther auf Deutsch: „Sie haben die Gehälter aller Angestellten erhöht – bis auf einen. Ich ersuche Sie, auch dem zehnten die ihm zustehende Erhöhung zu gewähren.“ Friedländer antwortete: „TEVA kann es sich nicht erlauben, auch diesem Angestellten eine Gehaltszulage zu gewähren!“ „Wenn das so ist“, fuhr Gabi fort, „ziehen Sie von meinem Gehalt 50 Pfund ab und geben Sie sie dem Angestellten.“ „Das ist nicht legal, das ist verboten“, schrieb Friedländer mit Rotstift zurück. Schließlich wurde er doch weich und bestätigte auch dem zehnten Mitarbeiter die Gehaltszulage.[114]

In den 60er Jahren erhielten die Angestellten des Unternehmens für ihre Arbeitsleistung einen Bonus. Der gesetzlich festgelegte, steuerliche Abzug betrug 85 Prozent. Friedländer wollte, dass Gabriel Schutz vom Bonus profitieren solle – und nicht etwa die Steuerbehörde. So bot er Gabi an, etwas für sein Haus zu erwerben, die Quittung auf die Teva austellen zu lassen und sich sodann von der Firma das Geld erstatten zu lassen. So kam Familie Schutz zu der ersten Klimaanlage in ihrem Haus. Nach Absprache mit den Steuerbehörden wurde Mitte der 60er Jahre bei der Hapoalim-Bank eine Pensionskasse für die Angestellten eröffnet.

114 Interview mit Gabriel Schutz, Ramat Gan, 2008.

Vertriebsbüro der TEVA in Tel-Aviv, links im Bild: Baruch Shogul

Purim Feier bei TEVA, 1960

Friedländers komplexe Persönlichkeit erschwerte die Kommunikation mit ihm und auch mit sich selbst. Einerseits waren da die Engstirnigkeit, das Vergraben in allerkleinste Details, ohne sich auf irgendjemand anders verlassen zu wollen, und auf der anderen Seite zeigte er Flexibilität, väterliche Fürsorge, bewegte seine Angestellten zum Studium, zum Ausbau ihrer Karrieren, unterstützte sie und fand gute und einfallsreiche Lösungen zu ihrem Besten. Diese Dualität brachte es mit sich, dass sie ihn einerseits fürchteten und Respekt vor ihm hatten, führte aber andererseits auch zu großer Wertschätzung, die bis zur Verehrung reichen konnte. Trotz Friedländers Strenge als Direktor herrschte in der Firma eine familiäre Atmosphäre und die Angestellten liebten es, in der Firma die Feiertage zu begehen. Friedländer nahm an diesen Festen nicht teil, freute sich aber an der Feierlaune seiner Mitarbeiter. Das Purimfest im Jahr 1960 war besonders heiter: Einer der Angestellten hatte sich als Präparatekarton „Glovan" verkleidet – ein vaginal zu verwendendes Mittel zur Schwangerschaftsverhütung – und stülpte sich den Karton über den Kopf, auf dem das TEVA-Logo zu sehen war, und darüber stand geschrieben: „Glovan habe ich verwendet und bin reingefallen".

TEVA-Mitarbeiter bei einem Tagesausflug ans Tote Meer

TEVA-Mitarbeiter bei einem Tagesausflug ans Tote Meer

Kollegen des TEVA-Teams auf dem Hof des Firmengeländes, Bajit Wegan 1941

8. Die Schule für Pharmazie an der Hebräischen Universität Jerusalem

Die Initiative

Der neue unabhängige Staat Israel – arm an Resourcen und organisierten Institutionen, aber reich an Einwanderern aus der gesamten Diaspora – stellte eine sehr große Herausforderung dar und eröffnete Möglichkeiten für Unternehmer und Investoren. Dr. Günther Friedländer liebte Herausforderungen, Originalität und Pioniergeist und wirkte mit großer Begeisterung an der Planung und Ausführung mit. Er zeigte Bedarf auf und scheute keine Mühe, wenn es darum ging, für Komplikationen die richtigen Lösungen zu finden.

Die Gewerkschaft der Apotheker in Erez Israel hatte in den 40er Jahren eine Kommission gegründet, die sich mit der Prüfung des Vorschlags zur Errichtung einer Schule für Pharmazie in Jerusalem beschäftigte.[115] Der energische Vordenker dieser Idee und ihrer Verbreitung war Jitzchak Jellin und mit ihm die Kommissionsmitglieder Gregory Solotriov und Peretz Karlan. Jitzchak Jellin verstarb während des Unabhängigkeitskrieges und ein halbes Jahr später wurde der neue Staat gegründet. Der Staat hatte viele Herausforderungen zu bewältigen und die Errichtung einer pharmazeutischen Fakultät wurde für einige Jahre aufgeschoben. Im November 1950 entschieden die Behörden – unter ihnen die pharmazeutische Abteilung des Gesundheitsministeriums, die pharmazeutische Sektion der Industriellen-Vereinigung, die sich neben dem Ministerium für Handel und Industrie befand, und die Hebräische Universität in Jerusalem – eine gemeinsame Kommission zu errichten, die die Grundlagen für eine pharmazeutische Fakultät an der Hebräischen Universität in Jerusalem ausarbeiten würde. Dr. Friedländer, der zu dieser Zeit der Repräsentant der pharmazeutischen Sektion der Industriellen-Vereinigung war, hörte von der Initiative und bat darum, in die Kommision aufgenommen zu werden. Seit seiner Ankunft im Lande hatte er seiner Vision, eine Schule für Pharmazie zu gründen, in verschiedenen Memoranda Ausdruck verliehen und nun sollte es endlich Wirklichkeit werden. Vom Sekretär der pharma-

115 Amnon Michlin, *Ma'ase rokeach: prakim betoldot harokchut be'erez jisrael* [Zur Geschichte der Pharmazie in Erez Israel], Tel Aviv 1999, S. 63-64, 69.

zeutischen Sektion, Herrn Chodnowski, wurde Friedländer als Repräsentant der pharmazeutischen Sektion für die Kommission nominiert.

Auch Akiva Koswiner, ein weiterer Apotheker und Leiter der pharmazeutischen Abteilung des Gesundheitsministeriums (der seinen Namen später in Kos Bina ändern sollte), wurde in die Kommission berufen. Friedländer war begeistert und verschrieb sich der Sache mit ganzer Hingabe.

Zum Zeitpunkt seiner Nominierung für die Kommission war TEVA ein etabliertes, routiniert arbeitendes Unternehmen mit Fachpersonal und Angestellten, und Friedländer reorganisierte seine Tätigkeit in der Firma, um sich für die neue Aufgabe Zeit zu nehmen. Er liebte Pionierarbeit – um so mehr, als die Bedingungen im Staat den Ausbau der medizinischen Berufe sowie die Ausbildung von Apothekern erforderlich machten. Die Mitwirkung an diesem Projekt war ihm eine Herausforderung und die Fortsetzung seiner eigenen Arbeit. Seit jeher interessierte er sich für die Ausbildung junger Menschen und die Gestaltung ihres beruflichen Werdegangs, und die Erfahrungen, die er an der pharmazeutischen Fakultät der Breslauer Universität gesammelt hatte, waren ihm als positive Eindrücke in Erinnerung geblieben. Die Begegnung mit den Studenten in Breslau und die Leitung der Apotheke in Görlitz formten seine Auffassung, welche Tugenden und Qualitäten ein Apotheker brauchte und wie eine fundierte Apotheker-Ausbildung theoretisch und praktisch auszusehen hätte.

Die Gründungskommissionen

Die Gründungs-Kommission tagte mindestens zweimal im Monat und erforderte eine intensive Vorbereitung, die weit über die eigentliche Tagungszeit hinausging. Später wurde Friedländer auch zum Vorsitzenden einiger weiterer Kommissionen ernannt und er musste seine Zeit zwischen der Firma und ihrem Fortbestehen als wirtschaftliches Unternehmen und seinen öffentlichen Ämtern aufteilen. Außer Friedländer waren in der Gründungs-Kommission für die Errichtung einer pharmazeutischen Fakultät folgende Mitglieder vertreten: Prof. Bergmann, Dr. Grossfeld, Dr. Seitchik, Dr. B. Neumann, Leiter der Abteilung für medizinische Berufe im Gesundheitsministerium, Dr. Josua Kohlberg[116] und Akiva Kos Bina, Leiter der pharmazeutischen Abteilung des Gesundheitsministeriums. Neben der bereits existierenden Kommission wurden weitere ins Leben

116 Kohlberg (1905-1999) stammte aus Galizien und war als Chemiker und Pharmazeut die treibende Kraft bei der Institutionalisierung der Pharmazie in Israel. Vgl. Frank Leimkugel, *Vertriebene Pharmazie: Wissenstransfer durch deutsche und österreich-ungarische Apotheker nach 1933*, Stuttgart 1999, S. 44-52 [Anm. der Übers.].

gerufen: die Kommission für allgemeine Organisation, die Kommission für den Lehrplan, und schließlich die Kommission für Budget und Finanzierung.

Die Kommissionsmitglieder waren aus den unterschiedlichsten Ländern nach Israel gekommen und repräsentierten demzufolge auch verschiedene Kulturen: Einer war ein *Sabre*, ein im Lande geborener, ein anderer kam aus dem russischen Sprachraum, und ein dritter entstammte der Kultur des deutschen Sprachraums, und ein vierter schließlich kam aus einem orientalischen Land. Jeder von ihnen vertrat eine unterschiedliche Kultur und Herkunft. Was sie zusammenführte, war die medizinische und pharmazeutische Fachsprache. Als erstes legte die Kommission ihre Ziele fest:

1. In einem Studienjahr werden etwa 15 bis 25 Studenten ausgebildet.
2. Die Studenten werden alle erforderlichen Studien für den ersten, zweiten und dritten Ausbildungsgrad an der pharmazeutischen Fakultät absolvieren.
3. Man muss für bestes Lehrpersonal sorgen und es wäre wünschenswert, das dieses vor Ort rekrutiert wird; aber es kann sein, dass im Anfangsstadium Lehrkräfte aus dem Ausland engagiert werden müssen.
4. Der Bau eines eigenen Schulgebäudes mit allen erforderlichen Einrichtungen.[117]

Zwei Wochen nach ihrer Berufung in die Kommissionen traten die Mitglieder zusammen und jede Kommission legte einen Bericht über ihre Ziele und Aktivitäten vor, der sich je unterschiedlichen Themen widmete: man bemühte sich, die Zustimmung der Hebräischen Universität zu erreichen, um auf ihrem Gelände eine pharmazeutische Fakultät einzurichten; man kümmerte sich um die finanziellen Resourcen für die Einrichtung dieser Fakultät und war bestrebt, Baugelände aus verlassenem Grundbesitz[118] von der allgemeinen Grundstücksverwaltung zu erhalten; nicht zuletzt wurde ein Curriculum vorgestellt.

Drei Jahre später, 1953, wurde die Schule für Pharmazie mit Hilfe einer großzügigen Spende des Amerikaners Crown[119] gegründet, der den letzten treibenden Anstoß für die Gründung der Ausbildungsstätte gab. Im November betrug das Projektbudget 574,000 $ und war auf 100 Studenten ausgerichtet. Die Pläne beinhalteten:

Die Büros des Dekans, des Direktors, der Verwaltung, Bibliothek, Lehr- und Lesesääle, Studentenmensa, Wohnheim für 100 Studenten mit Aufenthaltsraum

117 CZA, AK462/8, Wa'ada lehakamat hafakulta lerokchut [Gründungskommission der Schule für Pharmazie] und Familienarchiv Nomi Eshhar.

118 Verlassener Grundbesitz meint den Grund und Boden, den die Araber bei ihrer Flucht während des Unabhängigkeitskrieges in Jerusalem zurückgelassen hatten.

119 CZA, AK462/8, Seinfeld, Protokoll der Beratungskommission der Schule für Pharmazie, 14.6.1954, und Familienarchiv Nomi Eshhar.

und Sporthalle, sowie ein Budget für den Unterhalt der Studenten. Außerdem einen Vorlesungssaal, einen Filmraum, Laboratorien für organische Chemie, für die Anfertigung pharmazeutischer Präparate, Praktika der Rezeptierkunst, gewerbliche Pharmazie, anorganische Chemie, Biologie, qualitative und quantitative Analyse, Bakteriologie, Pharmakognosie und Pharmakologie, sowie Unterrichtsräume, Werkstätten für die Instandhaltung, Stipendien und Gastdozenten.

Abschließend sollten Messingschilder mit Dankesworten an die Spender angefertigt werden. Im ersten Jahr nahm die Schule zehn Studenten an, die alle pharmazeutische Vorkenntnisse mitbrachten. Bis dahin hatten sie in verschiedenen Positionen in Apotheken gearbeitet und kamen nun, um den Beruf methodisch zu erlernen und einen Abschluss zu erwerben. Vor der Gründung des Staates Israel war ein Pharmaziestudium nur im Ausland, vorzugsweise im Libanon, der Schweiz oder Großbritannien möglich gewesen.

Der Studienplan richtete sich nach den Ausführungen, die die Kommission in ihrer Anfangszeit 1950 verfasst hatte. Mit dem tatsächlichen Beginn des Unterrichts musste man aus den Erfahrungen lernen und Lehren daraus ziehen. Die anderen Kommissionen setzten ihre Arbeit fort und begleiteten die Schule mit ihren Aktivitäten, aber der Kurs sollte sich ändern. Friedländer war eine der ersten treibenden Kräfte. Die Bedürfnisse hatten sich verändert und neue Kommissionen lösten die alten ab. Es handelte sich um die Planungskommission, Curriculums-Kommission und den Beratungsausschuss. Friedländer wurde zum Vorsitzenden der Organisations- und Planungskommission ernannt. Ihm zur Seite standen Prof. Ernst Wertheimer, der Dekan der medizinischen Fakultät, Seinfeld, Siv, Dr. Seitchik, Akiva Kos Bina, Dr. Jakar, Dr. Meir Abrabanel, Dr. Mosche Fribes, Dr. Kobelman und Dr. Josua Kohlberg. Friedländer war auch Vorsitzender einiger weiterer Kommissionen und begleitete die Entwicklung der Schule von Beginn an. Apotheker Akiva Kos Bina wurde zum leitenden Direktor der Schule ernannt. Aus den Sitzungsprotokollen ist zu ersehen, dass die Kommission ihre Arbeit bis 1956 fortsetzte.[120]

Im März 1954 beschäftigte sich die Planungskommission mit dem Stand des israelischen Apothekers im internationalen Vergleich, mit den praktischen Arbeitsmethoden der Pharmazie-Studenten, mit dem Verhältnis zwischen theoretischer Ausbildung und praktischer Arbeit sowie mit der Verbindung allgemeiner Ausbildungsberufe innerhalb des Lehrplans der Pharmaziestudenten.[121]

Friedländer favorisierte die Verknüpfung der theoretischen mit der praktischen Ausbildung und empfahl daher, dass man die praktische Ausbildung so

---

120 Vgl. CZA, AK462/8.

121 Vgl. CZA, AK462/8, Protokol wa'adat hatichnun shel beit sefer lerokchut [Protokoll der Planungskommission der Schule für Pharmazie], 30.3.1954.

früh als möglich in den Lehrplan integrieren müsse. Die Kommission beschloss, das Studium mit der Voraussetzung des Abiturs solle vier Jahre dauern. Aus den Kommissionsberichten geht hervor, dass Friedländer als Ausschussmitglied in völliger Kooperation mit den anderen Mitgliedern arbeitete, und nicht mit jenem Zentralismus, der die Leitung seines Unternehmens TEVA charakerisierte. Die Kommissionsmitglieder reichten Vorschläge ein und Friedländer prüfte jeden einzelnen auf Vor- und Nachteile.

Akiva Kos Bina verglich wiederholt die bereits erreichten Leistungen in Israel mit den Errungenschaften anderer Länder. Er pflegte zu sagen, dass man das Rad nicht neu zu erfinden brauche, sondern vielmehr an vorhandene reiche Traditionen anknüpfen müsse. Dr. Meir war der Mahner: Bei jedem Thema entdeckte er Mängel und zwang die Komissionsmitglieder, auch die gewissenhaftigsten und sorgfältigsten unter ihnen, wiederholt nachzuarbeiten. Jeder brachte seine Fachkenntnisse ein und wies die anderen auf fachbezogene Defizite im Bereich des Lehrplans hin. Die Verhandlungen und Diskussionen waren sehr grundsätzlich und kultiviert, und nicht selten adressierten die Teilnehmer sich gegenseitig in der dritten Person.

Bisher wurden die Studenten der naturwissenschaftlichen Fächer gemeinsam mit den Studenten der Medizin und Biologie unterrichtet. Aufgrund des Mangels an entsprechendem Lehrpersonal gab es kaum Unterricht in spezifisch pharmazeutischen Fächern. Eine Analyse der Lage ergab, dass es nicht möglich sein würde, einen separaten Studiengang für Pharmazie mit eigenen Instituten für Pharmazie, pharmazeutische Chemie sowie Laboratorien für Pharmakologie zu errichten. Um diesen Mangel auszugleichen, empfahl die Kommission, dass sich die Dozenten und die bestehenden Laboratorien auf die spezifischen Bedürfnisse der Pharmaziestudenten einrichten sollten. Friedländer befürwortete eine Unterteilung in drei Anfangssemester, in denen allgemeine Fächer unterrichtet werden sollten, und fünf anschließende Semester, in denen die verschiedenen pharmazeutischen Fächer Unterrichtsgegenstand sein sollten. Die praktische Arbeit in Klinischer Pharmazie sollte das verbindende Element zwischen den beiden Lernphasen bilden. In der Hauptsache aber sprach er sich dafür aus, den Dozenten freie Hand zu lassen, Flexibilität zu zeigen, um auch individuelle Änderungen zu ermöglichen und den Dozenten nicht zu detaillierte Lehrinhalte vorzu schreiben. Wie so oft vertrat Dr. Meir eine andere Meinung als seine Kollegen, die besagte, dass die Dozenten die für alle Naturwissenschaftler vorgesehenen Vorlesungen den Bedürfnissen der Pharmaziestudenten anzupassen hatten. Er führte an, dass die Pharmaziestundenten zwar nur fünf Prozent der Gesamtheit aller Studenten dieser Fachrichtungen ausmachten, aber dass man aufgrund ihrer speziellen Bedürfnisse auch spezielle Kurse für sie einrichten müsse. Schließlich wurde entschieden, dass jedes Kommissionsmitglied entsprechend seiner Fachkompetenz einen detaillierten Lehrplan vorlegen sollte:

„Dr. Seitchik – Botanik; Dr. Kirson – allgemeine und anorganische Chemie; Dr. Meir – angewandte Mathematik für Pharmazeuten; Herr Kos Bina – Einführung in die Pharmazie; Dr. Fränkel – experimentelle Physik; Prof. Bergmann – organische Chemie."[122]

Friedländer wiederholte seinen Vorschlag, in den jeweiligen Semesterlehrplan zwei Wochenstunden zu integrieren, in denen die Studenten Labortechniken lernen sollten, die unter anderem Glasbläserei, Ampullenherstellung sowie Filtriertechniken und anderes mehr einschlössen, um die zukünftigen Apotheker auf alle Laborarbeiten vorzubereiten. Friedländer selbst hatte Labortechnik in den 1920er Jahren an der Universität erlernt und dieses Wissen kam ihm im Laufe seines gesamten Berufslebens zugute. Während der kommenden Jahre lösten Mechanisierung und Automatisierung die manuelle Arbeit in vielen Gebieten ab, und Berufe, die auf Handarbeit basierten, verschwanden zusehens. Friedländer tat sich schwer mit diesen Veränderungsprozessen und behauptete, dass dieser Mangel an technischem Wissen die Arbeit der Universitätsabsolventen beeinträchtigen werde. Er erachtete die manuelle Geschicklichkeit als wichtigen Bestandteil der praktischen Arbeit des Apothekers. Die Kommissionsmitglieder teilten diese Meinung nicht und waren der Ansicht, dass man Labortechnik auch in anderen Fächern oder in den Sommerferien erlernen könne.

Friedländer war ein überaus sturer Mann, änderte aber seine Meinung, wenn ihn berechtigte Argumente überzeugten. Anfang Mai 1954 reichte er der Planungskommission ein Gutachten ein, in welchem er dem Ausschuss die wesentlichen Grundzüge darlegte:

„1. Das Ziel der pharmazeutischen Studiums besteht in der Ausbildung von Apothekern, die das Gebiet der praktischen Anwendung und der pharmazeutischen Technologie auf der Grundlage einer allgemeinen und fachspezifischen Ausbildung beherrschen.
2. Die Famulatur, die die praktische Fachausbildung darstellt, wird in verschiedenen Apotheken am Ende des Studiums abgeleistet. Während der Studienzeit wird die praktische Ausbildung der Studenten im Rahmen der Universität und im Hadassah-Krankenhaus in Jerusalem erfolgen.
3. In den ersten drei Semestern werden allgemeine naturwissenschaftliche Fächer studiert, eine Einführung in die Hilfsberufe absolviert und Grundlagen der Labortechnik erlernt. Außerdem werden die Studenten Latein und Anatomie des Menschen studieren, eine Einführung in die Physiologie und allgemeine Bakteriologie absolvieren, eine Vertiefung der botanischen Studien auf dem Gebiet der Pilze durchlaufen sowie Grundlagen der pharmazeutischen Technologie lernen. Am Ende der ersten drei Semester wird eine Prüfung abgehalten, in der die allgemeinen Grundlagen aller Fächer abgefragt werden, die im Verlauf des Studiums erlernt wurden.
4. In den letzten fünf Semestern werden folgende Fächer studiert:

   Pharmakognosie und pharmazeutische Chemie, einschließlich pharmazeutisch-organischer Chemie, anorganischer Chemie sowie Kolloidchemie und Komplexchemie. Die pharmazeutische Chemie wird mit praktischer Arbeit auf dem Gebiet der organisch-pharmazeutischen Chemie verbunden, die den Grundlagen von Gatermann-Wieland und anderen folgt. Außerdem gehört

122 CZA, AK462/8.

die pharmazeutische Technologie zum Curriculum, die der Theorie der pharmazeutischen Arbeit in Apotheken angepasst werden muss, wie Emulsionstheorie und dergleichen. Pharmazeutische Analyse wird parallel zur pharmazeutischen Chemie unterrichtet und beinhaltet quanititative anorganische Analyse für Pharmazeuten; des weiteren pharmazeutische Analyse von organischen Stoffen und physikalisch-chemische Analyse für Pharmazeuten. Um die chemisch-pharmazeutische Ausbildung abzurunden, empfiehlt es sich, Gastdozenten aus dem Gebieten der klinisch-pharmazeutischen Praxis, der Rezeptierkunst, der Chemie der antimalarischen Stoffe und der Chemie der Barbiturate einzuladen.

5. Das Studium der Pharmakognosie zerfällt in zwei Teile: A) Botanische Pharmakognosie, basierend auf den Versuchen und Beispielen von Tschirch, Wasicky und anderen. B) Chemische Pharmakognosie, das heisst, Chemie der Arzeimittelpflanzen.
6. Das letzte Semester der Studienzeit sollte einer Einführung in die Pharmakognosie gewidmet sein, der pharmazeutischen Gesetzgebung, der Geschichte der Pharmazie und den Grundlagen der Antibiotika. Am Ende des letzten Semesters wird eine experimentelle Prüfung auf dem Gebiet der pharmazeutischen, analytischen und pharmakognostischen Chemie stehen. Im Anschluß daran erfolgt eine mündliche Prüfung, die alle Fächer umfasst, die in den vorangegangenen fünf Semestern gelernt wurden.
7. Besonders begabte Studenten, die in einem der Gebiete der pharmazeutischen, analytischen oder pharmakognostischen Chemie promovieren wollen, können ihr Studium um drei weitere Semester verlängern und den Titel ‚Doktor der Naturwissenschaften – Dr. rer.nat' erwerben."[123]

Die Kommissionsmitglieder erhielten Friedländers Exposé und diskutierten die verschiedenen Empfehlungen. Am Ende wurde entschieden, dass sie Empfehlungen aussprechen würden für Dozenten der verschiedenen Kurse, deren letzte Entscheidung bei Prof. Wertheimer, dem Dekan der medizinischen Fakultät, lag. Anfang Juni reichte Friedländer dem Dekan der medizinischen Fakultät die vom Ausschuss erstellte Dozentenliste ein. Auch sein Name fand sich auf der Liste – obgleich er das anfänglich abgelehnt hatte – aber aufgrund des Mangels an anderen Dozenten stimmte er zu, eines der Fächer, die in seine Fachkompetenz fielen, zu unterrichten. Hier die eingereichte Dozentenliste:

Einführung in die Pharmazie – Herr Akiva Kos Bina
Angewandte Pharmazie – Herr Kos Bina, Dr. Shovel, Dr. Mensel, Herr Baruchstein und Dr. Jakar
Pharmazeutische, organische und allgemeine Chemie – Dr. Chanan Meir, Dr. Nir Grossfeld, Dr. Wilhelm Taub, Dr. Hirsch, Prof. M. Bergmann, Dr. Wiemenberg und Dr. Farkas
Pharmakognosie – Dr. Seitchik und Dr. Pahen
Pharmazeutisch-industrielle Technologie – Dr. H. Sieburth und Dr. Milhofer
Pharmakologie – Dr. Zolman und Dr. Wislitzki
Toxikologie – Dr. Hirsch
Pharmakognostische Chemie – Dr. Friedländer
Arzneimittelpflanzen – Dr. Seitchik
Herr Kos Bina wurde zum geschäftsführenden Direktor der des pharmazeutischen Studiengangs vorgeschlagen.[124]

123 CZA, AK462/8, Sammlung Günther Friedländer, Dr. Friedländer, „Chawat da'at" [Gutachten], 5. Mai 1954.

Die Planungskommission setzte ihre Arbeit fort, beriet weiter über die Vorschläge zum Curriculum und formulierte abschließend ihre Ergebnisse in einem vierjährigen Studienplan, der dem Dekan der medizinischen Fakultät vorgelegt wurde. Der Studienplan sah zwei Phasen vor: die erste Phase bestand aus drei, die zweite Phase aus fünf Semestern. Damit war die Arbeit der Kommission beendet, doch ihre Mitglieder kehrten nicht zu den eigenen Angelegenheiten zurück, sondern stellten sich weiterhin für Aufgaben im Rahmen einer begleitenden Durchführungskommission zur Verfügung.

Friedländer fand infolge seiner Nominierung als Dozent für chemische Pharmakognosie keine Ruhe und schlug vor, diese Stelle mit einem Schüler von Prof. Schaphet aus Wien oder mit einem Schüler von Prof. Reichstein aus Basel zu besetzen.[125]

Mitte Juni 1954 begann die Kommission, einen Direktor für die Pharmazieschule zu suchen.[126] Die Mitglieder suchten einen bedeutenden Professor, Persönlichkeit, und Koryphäe seines Faches und baten die Dekane amerikanischer und britischer Universitäten um Hilfe, sowie auch die pharmazeutische Industrie in aller Welt. Dr. Fribes war im Begriff, in die USA zu reisen und wurde wie auch Prof. Eban Ari, der sich bereits in universitären Angelegenheiten in den USA aufhielt, gebeten, dort nach einem Kandidaten Ausschau zu halten. Friedländer war der Ansicht, dass man Fachleute suchen müsse, die Vorträge über den Nutzen der Wissenschaft halten könnten und Experten für die Beschaffung von Finanzmitteln. Er bot an, für den Erwerb der Ausstattung wie Labormaterialien, Bücher, Bibliothek und dergleichen seine Rohstofflieferanten um Rat zu bitten.

Die Budgetbeschaffung

Der Bau der Schule und ihre Ausstattung erforderten ein hohes Budget. Es wurde eine öffentliche Kommission für die Pharmazieschule eingerichtet, der Vertreter fachverwandter Institutionen aus dem Apothekerverband, der pharmazeutischen Industrie, sowie Importeure, Großhändler und verschiedener andere Körperschaften beitraten. All diese Institutionen verpflichteten sich, gemeinsam die jährliche Spendensumme von 25,000 israelischen Pfund aufzubringen, die damals etwa 14,000 $ entsprach.[127] Aber Verpflichtung ist eine Sache, die Einhaltung derselben eine andere. Privatleute wie Apotheker und Importeure, deren Spenden von ihren

124 CZA, AK462/8, Brief von Friedländer an Prof. Wertheimer, 6. Juni 1954 [hebr.].

125 Vgl. CZA, AK462/8, Brief von Friedländer an Kos Bina vom 24.6.1954 [hebr.].

126 CZA, AK462/8, Protokoll der Beratungskommission vom 14. Juni 1954 [hebr.].

127 So der Dollarkurs am 1. Januar 1954 laut Angaben der Israel Bank.

Einkünften abging, kamen ihrer Verpflichtung nach, wohingegen die Großhändler nichts beitrugen. Die Industrie, die 8000 Israelische Pfund zugesagt hatte, spendete am Ende nur 2,500. Selbst der Branche zugehörig forderte Friedländer andere Industrielle auf, bei der Beschaffung der fehlenden Gelder tätig zu werden. Im Sommer 1954 beschloss das Gesundheitsministerium, Rezepten eine Beitragsmarkensteuer von 0,5 Israelischen Pfund aufzuerlegen. Zusätzlich zu dem Preis für das Medikament zahlte jeder Käufer für den Erwerb dieser Marke, die auf das Rezept geklebt wurde und der Erlös ging an das Budget für die Errichtung der Pharmazieschule. Die Apotheken wurden je nach Anzahl der monatlich verkauften rezeptpflichtigen Arzneimittel in Kategorien eingeteilt und jede Apotheke musste entsprechend ihrer Kategorie monatlich zwischen 5 und 15 Israelischen Pfund abführen. Die Beitragsmarkensteuer galt als Spende der Kranken mittels der Apotheken. Friedländer sprach sich gegen diese Steuer aus und forderte, dass Hersteller und Apotheker eine jährliche, festgesetzte Spendensumme als Teil ihrer Einkommensteuer entrichten sollten.

Im Juli 1954 trat die Beratungskommission zusammen und Prof. Wertheimer, der Dekan der medizinischen Fakultät, teilte mit, dass in den Gesprächen, die im Zusammenhang mit der Errichtung eines Ärztezentrums in En Karem geführt wurden, die Entscheidung getroffen wurde, der Schule für Pharmazie ein Areal von 1000 m^2 für den Bau von Vorlesungssälen, Laboratorien für Pharmazie, pharmazeutische Chemie und Pharmakologie zur Verfügung zu stellen.[128] Außerdem wurde vereinbart, auf einem separaten Baugrund eine Bibliothek und Arbeitszimmer zu bauen. Die Freude der Kommissionsmitglieder war grenzenlos: der Traum wurde wahr und befand sich im Prozess fortschreitender Entwicklung – auch wenn der Weg dorthin lang war und es viele Schwierigkeiten zu überwinden galt. Dr. Meir, „der düstere Prophet Jeremiah" der Kommission, veranschaulichte die gegenwärtigen Probleme des Pharmazieunterrichts in dem kleinen überfüllten Laboratorium der Regierung[129] in einem neben dem *Machane Jehuda Shuk*[130] gelegenen Gebäude. Das völlig überlastete Laboratorium war weit von allen anderen Universitätsgebäuden, von anderen Laboratorien und der Bibliothek entfernt. Darüber hinaus wurden in den Laboratorien der Regierung Gemeinschaftsprojekte durchgeführt, so dass nicht genügend freie Zeit für die Unterweisung von Studenten zur Verfügung stand. Man musste dringend eine

128 CZA, AK462/8, Protokoll vom 19.7.1954 [hebr.].

129 CZA, AK462/8, Brief von Dr. Meir an Friedländer als Vorsitzender der Planungskommission, 15.7.1954 [hebr.].

130 Der *Machane Jehuda* Markt ist eine Jerusalemer Institution, ein täglich geöffneter Freiluftmarkt im Herzen Westjerusalems, auf dem mehr als 250 Verkäufer ihre Waren feilbieten: das Angebot reicht von frischem Obst und Gemüse, Fisch, Fleisch, Gewürzen bis hin zu Kleidung, Haushaltswaren und Kaffeehäusern oder kleinen Restaurants mit lokaler Küche. [Anm. der Übers.].

Lösung finden, aber es taten sich keinerlei Möglichkeiten dafür auf; andererseits würden sich kurzfristige Investitionen nicht lohnen.

Rezept-Wertmarke zu Finanzierung der Schule für Pharmazie (Quelle: Frank Leimkugel)

Das Curriculum

Der Studienplan für die ersten drei Semester stand fest. Nun musste daran gearbeitet werden, für die anstehenden Probleme wie Ort sowie Art und Weise des Praktikums eine Lösung zu finden. Man war sich einig, dass die Famulatur 12 Monate betragen sollte. Über die Einteilung dieser 12 Monate herrschten jedoch unterschiedliche Ansichten. Friedländer vertrat die Meinung, dass das Praktikum zwischen den ersten drei und den kommenden fünf Semestern an zwei verschiedenen Orten absolviert werden sollte: zum einen in Krankenhäusern oder Militärapotheken und zum anderen in privaten Apotheken. Kos Bina und Siv hielten dagegen, dass die Hospitanz nach Abschluss der vierjährigen Studiums erfolgen solle.

Die Zeit verging und die Kommissionsmitglieder gingen ihrer Wege, neue lösten die alten ab. Unter den Neuen war Dr. Farkas, der im August 1955 mitteilte, dass sich 39 Studenten für das erste Studienjahr eingeschrieben hatten, davon wechselten fünf von anderen Fakultäten zur Pharmazie und weitere fünf hatten sich für einen Wechsel von der Pharmazie zur Medizin entschieden. In den ersten drei Jahren erhöhte sich die Zahl der Studenten von Jahr zu Jahr und die Steigerungsrate erreichte bald 100 Prozent. Die Schule vergrößerte sich und das Areal der Frauenklinik im „Russian Compound", dem russischen Gelände im Herzen der Stadt, wurden ihr zur Verfügung gestellt. Es war vorgesehen, im Erdgeschoss die Laboratorien für Pharmakognosie und Pharmakologie einzurichten, während die erste Etage die Laboratorien für pharmazeutische Chemie beherbergen sollte. Das Budget sah für 1955/56 15,000 Israelische Pfund vor und 10,000 für das folgende Jahr 1956/1957.

Gleichzeitig sollte die Bebauung des 1000 m^2 Geländes in dem zu errichtenden medizinischen Zentrum in En Karem beginnen[131]. Sowohl die Administration als auch Laboratorien sollten gemeinsam mit der Schule für Pharmazie genutzt werden. Es war geplant, dass die Hauptapotheke des medizinischen Zentrums um 80m^2 erweitert werden sollte, um die Pharmaziestudenten aufnehmen zu können. Diese Erweiterung konnte dank vieler Spenden von verschiedenen Organisationen im In- und Ausland gebaut werden, die unter anderem für die Ausstattung und die Bibliothek eingingen.

Für die Zulassungskommission des Pharmaziestudiums wurden Dr. Kohlberg und Dr. Kobelmann, Vertreter der Apothekergewerkschaft, Dr. Farkas sowie zwei Lehrer der Schule für Pharmazie benannt; sie legten die Regeln für die Zulassung der neuen Studenten fest:

- Die Kandidaten mussten eine Zulassungsprüfung absolvieren.
- Die Zahl der Studenten, die zu der Zulassungskommission vorgeladen wurden, würde doppelt so hoch sein wie die Anzahl der verfügbaren Plätze, damit die besten unter ihnen ausgewählt werden können.
- Apothekern wird der Vorzug gegeben.
- Die Zahl der Studenten wird wegen des Platzmangels in den Laboratorien jährlich auf 15 beschränkt, mit dem Ziele, sie auf 20 zu erhöhen.
- Die Praktikumszeit wird sich über drei Phasen erstrecken: die erste Phase in den Semesterferien zwischen dem ersten und zweiten Studienjahr, die zweite Phase in den Semesterferien zwischen dem dritten und vierten Studienjahr, und die dritte während einer Dauer von sechs Monaten am Ende des Studiums.
- Die Apothekergewerkschaft wird die Apotheken bestimmen, in denen die Praktika abgeleistet werden.[132]

Keine Einigkeit herrschte in der Kommission über die Frage der Besetzung der Stellen für die verschiedenen Unterrichtsfächer. In der Curriculumskommission

131 Das medizinische Zentrum *Hadassah En Karem* wurde 1961 eröffnet.

132 CZA, AK462/8.

hatte Prof. Solman vorgeschlagen, den Studentenrat an der Entscheidungen um die Stellenbesetzung zu beteiligen. Er betrachtete die Kritik des Studentenrates als konstruktives, regulierendes und kontrollierendes Element der Arbeit der Dozenten und schlug vor, einen Tutor zu benennen, der zwischen den Studenten und den Dozenten vermitteln und ihre Hinweise und Vorschläge an die Dozenten übermitteln sollte. Die Kommissonsmitglieder zeigten allerdings kein Interesse an Solmans Vorschlag und so löste er sich in Luft auf.[133]

Im Sommer 1956 trat die Kommission zusammen, um ausführlich die Frage der Praktika sowie Pflichten und Rechte der Famulaturzeit zu erörtern und kam zu folgenden Ergebnissen:

- In den ersten beiden Praktika erhält der Student keine Vergütung für seine Arbeit in der Apotheke.
- In der letzten Praktikumsphase am Ende des Studiums wird der Student für seine Arbeit bezahlt.
- Eine Praktikumskommission wird zu gründen sein, die die Anträge der Studenten für die gewünschten Famulaturorte entgegennimmt und darüber entscheidet. Ihre Mitglieder werden Dr. Jakar, Dr. Farkas und Herr Seinfeld sein.
- Während der drei Phasen der Praktikumszeit werden die Studenten an drei verschiedenen Orten ihre Famulatur ableisten.
- Die Abschlussarbeit wird im vierten Studienjahr geschrieben.
- Die Absolventen der Pharmazieschule erhalten den Titel „Approbierter Apotheker“ (Magister Pharmaciae).[134]

1956 ging Akiva Kos Bina im Alter von 65 Jahren in Pension und im Oktober wurde Dr. Farkas als sein Nachfolger zum geschäftsführenden Direktor der Schule für Pharmazie ernannt. Die Kommissionsmitglieder begingen diesen Anlass mit einem feierlichen Umtrunk und erhoben ihr Glas auf Kos Bina und seinen Nachfolger Farkas.

133 CZA, AK462/8, Kommissionsprotokoll der Curriculumskommission, 12.9.1955 [hebr.].

134 CZA, AK462/8.

9. Die Firma expandiert

Bis zum Beginn der 50er Jahre gab es bei Teva keine sterilen Bedingungen zur Herstellung von Antibiotika. Erst mit der Vergrößerung der Firma und der ansteigenden Nachfrage nach Antibiotika wurde ein kleines Zimmer mit Ultraviolettstrahlung eingerichtet, von dem es Zugang zum Reinraum gab, dem sterilen Raum, in dem alle Antibiotikasorten hergestellt wurden. Die Arbeit im Strahlungsraum erforderte Schutzbrillen und Schutzkleidung. Als zum ersten Mal in dem neuen Raum gearbeitet werden sollte, machten die Angestellten sich noch über die Vorschriften lustig und zogen die Schutzbrillen nicht an, kamen aber dafür am nächsten Tag mit geschwollenen Augen zur Arbeit. Ein Teil von ihnen war gegen Antibiotika allergisch und konnte daher nicht weiter in der Abteilung arbeiten. Hannah Herscheld hatte in der Zwischenzeit geheiratet und die Firma verlassen.1952 wurde Shula Lopez zur neuen Leiterin der Verpackungsabteilung ernannt. Ein Jahr später arbeiteten bei TEVA bereits 120 Mitarbeiter.

Das Unternehmen war eine Aktiengesellschaft, die an der Börse gehandelt wurde, und der Bankier Alfred Feuchtwanger, der stiller Teilhaber und Kapitaleigner war, wollte, dass in der Firma ein Repräsentant seiner Familie tätig war, der später seine Anteile erben würde. So gelangte Mosche Baginsky, Feuchtwangers Schwiegersohn, auf den Posten des Personalchefs. Baginsky, der gerade erst aus der Armee entlassen worden war, kam aus einem anderen Kulturkreis, bar jeder pedantischen preußischen Distanz, die bei TEVA herrschte und war sozusagen „einer von ihnen". Ihn musste man nicht mit Herr anreden, die Arbeiter und Angestellten nannten ihn einfach Mosche. Als Vertreter von Feuchtwanger gehörte er zur Geschäftsleitung, aber seinem Kulturkreis und Benehmen nach stand er den Angestellten der Abteilungen näher. Friedländer sah das nicht gerne. „Sie müssen Sie mit ‚Herr Baginsky' anreden, nicht Mosche, und Sie müssen Distanz wahren", sagte er ihm, aber es half nichts.

Mit der Vergrößerung wurde eine weitere Etage für die Firmenleitung und separate Zimmer für Friedländer, Else Kober und Büroleiter Levinstein gebaut. Friedländer hielt große Stücke auf seinen Sekretär Levinstein – ein scharfer kluger Kopf mit ausgezeichnetem Gedächtnis, der alle Zahlen und Namen der Angestellten beherrschte – und verließ sich sehr auf seinen Chefpharmazeuten Siv-Or, der ein besonders besonnener Mann war. Aber obgleich einige Mitarbeiter in verschiedenen verantwortungsvollen Positionen wirkten, wurde TEVA von einem

Mann gestaltet, der das gesamte Unternehmen beherrschte. Er verließ sich in erster Linie auf sich selbst und mehr als einmal schadete er sich mit seiner zentralistischen Haltung selbst.

Ampullenabteilung der TEVA, Malka Siton (Raviv) am Homogenisator bei der Bereitung der Optalgin-Lösung

Pharmazeutische Abteilung der TEVA: Kessel für das Anrühren von Sirup

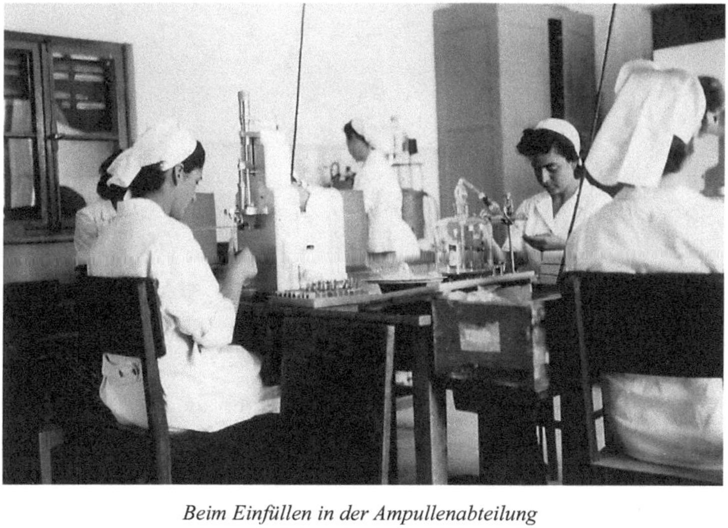

Beim Einfüllen in der Ampullenabteilung

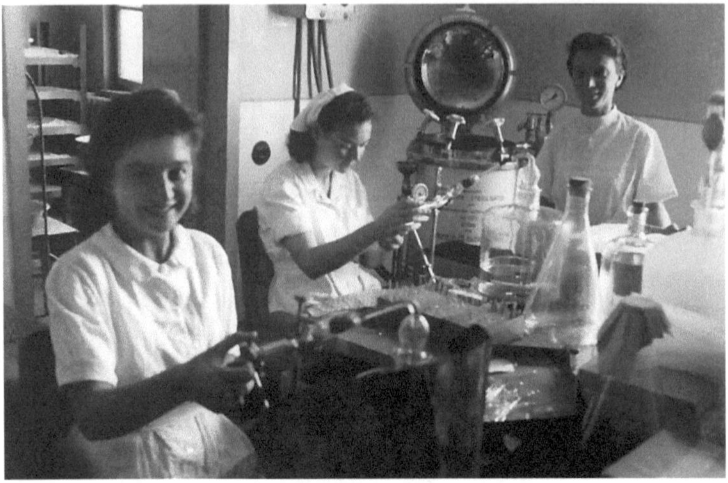

Ampullenabteilung, von links nach rechts:
Judith Lopes, Maltka Siton (Raviv) und Erika Litin, 1940

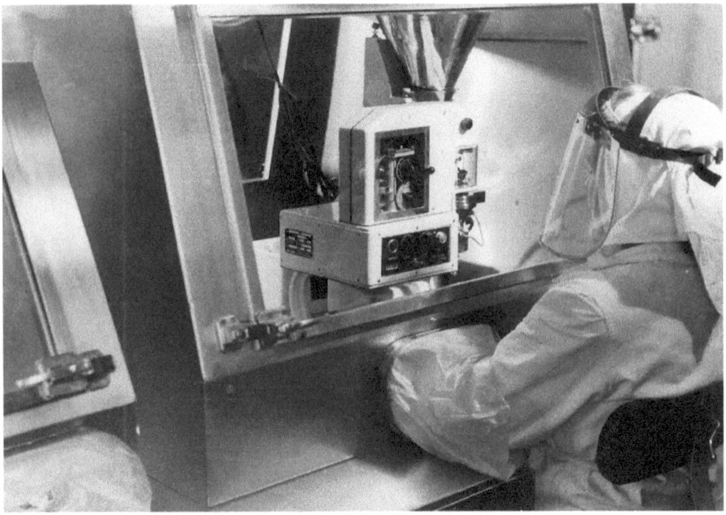

In der sterilen Abteilung: Abfüllen der Antibiotika in Flaschen, 1950

Was die Aufgabenteilung zwischen Dr. Friedländer and Else Kober anging, so war Kober die Kapitalmacht und Friedländer der Mann des Wissens, und das nicht nur auf seinem Fachgebiet. Friedländer wusste genau, was bei jedem einzelnen Angestellten los war.

Chemielaboratorium, in dem Ishtopal und Leberinjektionen hergestellt wurden, 1945

Exportkisten der TEVA nach Burma

Er war ein aufbrausender, unbeherrschter Mann. Wer die Firmengrundsätze verletzte oder den Namen der Firma schlecht machte, wurde angeschrien. Er schrie, wenn die Zusammensetzung der Stoffe zur Tablettenherstellung misslang, er schrie auch, wenn irgendein Versuch fehlschlug. Nicht selten übernahm er Aufgaben des Chefpharmazeuten, obwohl Hanan Siv-Or offiziell diese Position innehatte. Oft griff er in die Herstellung ein. Vor der automatisierten Tablettenherstellung und dem automatisierten hermetischen Verschließen der Ampullen pflegte er in die Produktionshalle zu gehen und den Tablettenteig zu rühren oder die Ampullen zu versiegeln. Dem Weg nach unten in die Produktionshalle ging eine ganze Zeremonie voraus: Friedländer zog einen weißen Kittel über, seifte seine Hände ein, um sie zu desinfizieren, spreizte sie von sich und wies seine Leute an: „Bringt das Waschbecken, bringt das Material, bringt eine Schale, bringt dies oder jenes." Als alles herangeschafft worden war, rührte er den Teig oder versiegelte die Ampullen und während dieser Tätigkeit sang er „Shavua tov, shavua tov"[135] Die Angestellten standen neben ihm, um die Fliegen aus seinem Gesicht zu vertreiben, und wenn ihn jemand störte, wurde er wütend.

Das Arbeitsklima war familiär, jeder wusste um die Probleme des anderen. Wenn sich die Arbeiterinnen verspäteten, weil sie den Bus verpasst hatten, zwinkerte Friedländer ihnen zu und sagte immer wieder: „Mädchen laufen Autobussen und jungen Männern nicht hinterher. Hat man einen verpasst, wird ein anderer kommen!"

Ein erfolgreicher Besuch

Teva importierte seine Produkte in viele Länder, fuhr aber fort, weiterhin verdeckt in arabische Länder zu importieren. Für ihre Verdienste im Export erhielt die Firma eine Auszeichnung als erfolgreichstes Unternehmen des Jahres 1954, die von Staatspräsident Yitzhak Ben Zvi übereicht wurde. Zum Pessachfest des Jahres 1956 erhielt Friedländer eine handgezeichnete, etwas sarkastische Glückwunschkarte von Dr. Hermann Lehmann, einem langjährigen Freund aus Tagen gemeinsamer Arbeit. Die nebenstehende Zeichnung visualisiert Friedländers Träume, die Firma von einer regionalen in eine internationale mit Auslandssitz zu verwandeln und wie er zu diesem Zweck versucht, potenzielle Partner zu überzeugen. Zwar kennen sie ihn nicht, aber Friedländer verfolgt seinen Traum weiter und am Ende erreicht er seine Verwirklichung. Etwa zwei Monate später

135 Shavua tov, hebr. für „eine gute Woche" und Titel traditioneller Lieder, die zur *Hawdala* bei der Verabschiedung des Schabbat gesungen werden; nach Ausgang des Schabbat wünscht man einander „eine gute Woche" [Anm. der Übers.].

fand in Jerusalem ein amerikanisch-israelisches Seminar statt, an dem auch Friedländer teilnahm. Er lud die leitenden Teammitglieder zu sich nach Hause ein und verteilte als direkte Werbestrategie zwischen Hersteller und Kunde TEVA Präparate. Kurz darauf er bekam er einen Brief höchster Wertschätzung:

21.5.1956

Dr. G. Friedländer
TEVA Pharmaceutical and Chemical Works Ltd.
Jerusalem

Lieber Dr. Friedländer,

Ihre Freundlichkeit und Sorge um unser Wohl hat uns überaus erfreut und wir sind Ihnen sehr zu Dank verpflichtet. Wir bestätigen den Empfang der TEVA-Präparate, die Sie jedem einzeln von uns zukommen ließen. Sie werden ein dauerhaftes Andenken an unsere große Zufriedenheit sein, die uns der Besuch in Ihrer Firma und Ihre Teilnahme am Seminar bereitete. Wir versichern Ihnen, dass wir die Produktentwicklung von Teva und Ihre Präparate zur Behandlung von Dystonie mit Interesse weiterverfolgen werden.

Bitte nehmen Sie unseren aufrichtigen Dank für Ihre großzügige Freundlichkeit, die Sie uns bezeigten. Wir danken Ihnen und Ihrer Gattin, TEVA und Ihrem wunderbaren Land von ganzem Herzen und wünschen Ihnen weiterhin gute Gesundheit und Erfolg.

Die amerikanische Leitung des Seminars[136]

Yitzhak Ben Zvi, der Präsident Israels (rechts) im TEVA Büro und Sosh Freund, die ihm Kaffee einschenkt

136 Familienarchiv Nomi Eshhar.

Jerusalem 25-3-56

Sehr geehrter
Dr. Friedländer,

nach dem vielversprechenden
Anfang unserer Zusammen-
arbeit, bin ich sehr traurig
schon so lange nichts mehr von Ihnen gehört
zu haben. —

In der Hoffnung, dass: .....

wünsche ich Ihnen

vergnügte Feiertage

Ihr
H. Lehmann

Glückwunschkarte von Hermann Lehmann an Günther Friedländer

Das Vorhaben „Bitupal“

„Gott hat die Erde beben lassen durch sein Wort, durch Eure Tat. Gott hat die Erdschollen gewandt, die untersten zuoberst und umgekehrt durch Eure Hände. Gott hat den Träumern die Zukunft durch seine Feuersäule erhellt, und einer dieser Träumer, der Träger von Gottes Feuersäule, hat Euch den Weg gezeigt.“
(Günther Friedländer, *Im Lande der Väter*, Ratibor, 31.8.1917)

Das Geheimnis des Zaubers der Mineralien, die in den Tiefen der Erde verborgen liegen, beschäftigte und entzündete Günthers Fantasie schon seit seiner Jugend. Mit 15 Jahren, als er die Geschichte *Im Lande der Väter* schrieb, wies er auf gewaltige Umwälzungen hin, auf Umschichtungen der Erdmassen als eine Verbindung zwischen Gottes Willen und menschlichem Handeln, und vom Ende des Träumers, der seinen Träumen folgt und sie schließlich verwirklicht. Günther kannte die Geschichte der Juden in Erez Israel gut und die Schilderung der Asphaltbrocken[137] bei Josef ben Matitjahu (oder mit seinem lateinischen Namen Josephus Flavius), die auf dem Toten Meer schwimmen, fesselte seine Vorstellungskraft bereits in jungen Jahren. Seit er beschlossen hatte, eine Arzneimittelfirma in Palästina zu gründen, träumte er davon, aus den im Lande der Väter vorkommenden Mineralien Medikamente herzustellen. Der Traum wandelte sich zum Projekt, als Kurt Grunwald ihm in seiner Funktion als wirtschaftlicher Berater der palästinischen Kalisalzgesellschaft von dem Phänomen der Asphaltblöcke erzählte, die auf dem Toten Meer schwammen. Günther verstand nun, dass dieses Phänomen nicht nur der dichterischen Fantasie Josef ben Matitjahus entsprungen war und begann, Informationen über Asphalt als Heilmittel gegen Hautkrankheiten zu sammeln. In dem bereits zitierten Exposé an Grunwald schrieb er 1938: „Theoretisch und experimentell beendete Vorarbeiten für die Zukunft [beinhalten die] medizinische Auswertung des Jam Hamelach [Totes Meer]-Asphaltes.“[138]

Die Quelle des Bitumens sind die im Erdinnern verlaufenden Adern unter dem Toten Meer. Erdbeben und Erderschütterungen in der Erdtiefe bewirken, dass das Bitumen aus diesen Adern im Erdinnern emporsteigt und im Meer freigesetzt wird. Da das spezifische Gewicht des Bitumens geringer ist als die Dichte des Toten Meeres, steigt es an die Meeresoberfläche, schwimmt auf ihr und wird an den Strand gespült. 1938 war Bitumen für Zwecke der Weiterverarbeitung noch nicht erhältlich, aber bereits damals gab Günther der zukünftigen Arznei-

137 Asphalt ist eine Bitumenart und bezeichnet ein natürlich vorkommendes Gemisch aus verschiedenen organischen Stoffen. Bitumen, auch Erdpech genannt, hat eine hohe Viskosität und weist eine Färbung von schwarzbraun bis schwarz auf.

138 CZA, AK462/6, Sammlung Günther Friedländer, „Exposé über die Entwicklung und die Tätigkeit der Teva Ltd.“ [1937/1938].

mittelserie den Namen, der sich dem Bitumen verdankt: „Bitupal“, eine Verbindung der beiden Worte **Bitu**men **Pal**aestinum.

Die Zeit verging, aber die Herstellung von „Bitupal“ bestand bisher nur auf dem Papier. Die schwierige Sicherheitslage, das weit abgelegene Tote Meer sowie mangelndes Interesse verhinderten die Realisierung des Vorhabens. Bis ins Jahr 1953 gab es niemanden, der den Asphalt aus dem Toten Meer gewinnen konnte, dann aber wurde eine Nachricht veröffentlicht, die Günthers Hoffnungen schürte: Am Westufer des Toten Meeres wurde die Nachal-Siedlung[139] En Gedi gegründet. „Könnten diese Jugendgruppen vielleicht die Rettung sein?“ überlegte Günther bei sich und sagte es auch laut. Zu jener Zeit war er sehr mit der Firmenleitung und der Gründung der Schule für Pharmazie beschäftigt und hatte noch immer nicht die Zeit gefunden, sich dem Thema des Asphalts zu widmen.

En Gedi und der Asphalt

Der Kibbuz En Gedi wurde im Januar 1956 von einer „Feldtruppe“ der Bewegung „arbeitende Jugend“ auf einem abgelegenen Berg in der judäischen Wüste gegründet, im Schatten des Felsenkliffs Ha'etekim und nahe der Wüstenoase Nachal David mit seinem hohen Wasserfällen. Die neue Siedlung lag weit entfernt und völlig abgetrennt von jedem anderen von Menschen bewohntem Ort, umgeben vom Toten Meer und der atemberaubenden Aussicht. Im Sommer herrschte brütende Hitze und im Winter gab es von heftigen Regenfällen ausgelöste Überschwemmungen, die sich in mächtigen Strömen ins Tote Meer ergossen. Der nächste Ort, Sodom, war nur über einen Schotterweg zu erreichen und die nächstgelegene Stadt Be'er Scheva lag drei Stunden entfernt.

Die Kibbuzmitglieder waren jung, voller Tatendrang und mit besonderen Fähigkeiten ausgestattet, die sie dazu bewegten, sich an diesem Ort niederzulassen. Sie brachten die Bereitschaft mit, sich mit den überaus schweren Bedingungen nahe dieses Salzsees und der im Toten Meer verborgen liegenden Schätze zu arrangieren und mit ihnen zu wachsen. Das noch unerschlossene wirtschaftliche

139 Nachal-Siedlungen waren Siedlungen, die von Truppen der israelischen Armee gegründet wurden und dem Wachstum jüdischer Siedlungen im ganzen Land dienten. Nach ihrer Etablierung gingen die meisten Nachal-Siedlungen in zivile Siedlungen über und die letzte Nachal-Siedlung wurde 2001 geschlossen. – [Nachal ist ein Akronym der Worte *Noar Chaluzei Lochem* („kämpfende Pionierjugend“), eine Bewegung, die 1948 gegründet wurde. Die Nachal wurde 1948 von David Ben-Gurion als Weiterentwicklung der Pionierjugend mit dem Ziel, Landwirtschaft und Militärdienst zu vereinen, gegründet. So war die Nachal vor allem an der Gründung von Kibbuzim beteiligt. Das hebr. Verb *nachal* bedeutet sowohl „erben, in Besitz nehmen“, wie auch „Wasserlauf, Wadi“. Anm. der Übers.].

Potenzial des Salzsees war schon aus der Antike bekannt und man wusste von dem Phänomen der auf dem Meer schwimmenden Asphaltbrocken.[140] Einer der vielen Namen des Toten Meeres lautet „Asphaltsee" (Lacus Asphaltitis). Der jüdische Historiker Flavius Josephus aus dem ersten Jahrhundert beschreibt in seinem Werk *Geschichte des jüdischen Krieges* das bereits im 6. Kapitel zitierte Phänomen der Asphaltbrocken:

„Es verlohnt sich der Mühe, auch über die Beschaffenheit des Asphaltsees einiges anzuführen. [...] Indessen treibt er auch an vielen Stellen schwarze Asphaltklösse an die Oberfläche, wo sie, an Gestalt und Größe Stieren ohne Köpfe gleich, herumschwimmen. [...] Man verwendet es [die Asphaltklösse] mit Nutzen nicht bloß zum Verpichen der Schiffe, sondern auch zur Heilung körperlicher Leiden, indem es einen Bestandtheil von einer Menge Heilmittel bildet."[141]

Die medizinische Verwendung des Asphalt fand bereits in der Antike weite Verbreitung. Asphalt oder „Bitumen palaestinum" wurde als Heilmittel und als Einbalsamierungsmaterial verwendet und war daher besonders in Ägypten sehr gefragt, wo die Toten mit einer Bitumenschicht überzogen und dadurch einbalsamiert wurden. Das Tote Meer war damals die einzige verfügbare Quelle für reines Bitumen und die Nachfrage war im Verhältnis zu seinem Vorkommen sehr groß. Die Kluft zwischen Nachfrage und Vorkommen führte zu Kämpfen um die Vorherrschaft am Toten Meer und den Asphalt. Einer der bekannten Kämpfe wurde von einem Historiker aus dem griechischen Kardia im ersten Jahrhunderts dokumentiert, der seinerseits den antiken Geschichtsschreiber Hieronymos von Kardia zitierte, der im vierten Jahrhundert vor der allgemeinen Zeitrechnung gelebt hatte. Hieronymos beschrieb damals einen Kampf zwischen den Griechen unter der Führung des einäugigen Antigonos und den ägyptischen Kriegern um den begehrten Asphalt. Mitten im Kampfgetümmel befahl Antigonos seinem Heerführer:

„Wenn du in das Land Judäa kommst, halte an diesem See an und baue Schiffe, denn wir Griechen kommen vom Meer und bekämpfen die Stämme, die mit der Gewinnung des Asphalts ihr Brot verdienen und dann werden wir den Asphalthandel beherrschen."[142]

Zur Zeit der zivilen Besiedlung des Kibbuz En Gedi im Schatten des Felsenkliffs Ha'etekim reichte das Tote Meer bis an den Fuß des Berges und nahe an den

---

140 Diese Informationen stammen aus dem Vortrag des Geologen und Kibbuzmitglieds Eli Raz, „Kalkalat agam jam hamelach" [Die Ökonomie des Toten Meeres] der im Rahmen eines Treffens zwischen Nomi Eshhar, Nurit Ashkenazi und alteingesessenen Kibbuzmitgliedern am 12. Juli 2008 stattfand.

141 Flavius Josephus, *Geschichte des jüdischen Krieges*; aus dem Griechischen übersetzt von Philipp Kohout, Linz 1901, S. 338 f., Buch 4, Kap. 8, 4; <http://de.wikisource.org/wiki/Juedischer_Krieg/Buch_IV_8-11> (3. Sept. 2011) [Anm. der Übers.].

142 Vortrag von Raz, Eli, „Kalkalat agam jam hamelach" [Die Ökonomie des Toten Meeres], Kibbuz En Gedi, den 12. Juli 2008.

Kibbuz heran. Die Nachal-Siedler wussten von dem Phänomen der auf dem Meer schwimmenden Asphaltbrocken und schauten oft aufs Meer und suchten sie. Das Dach des Kinderhauses und des Veranstaltungssaales diente dem Kibbuz als Aussichtspunkt auf das Tote Meer und zugleich als Tischtennisplatz, und während des Spiels schauten sie oft aufs Meer hinüber. Die Kibbuzmitglieder suchten nach Möglichkeiten, die im Toten Meer verborgenen Schätze der Natur als Einkommenquelle zu nutzen. Mithilfe der Bücher von Yosef Breslavi[143] und Zeev Wilnai[144] informierten sie sich über den schwarzen Schlamm und seine Heilqualitäten, führten Gespräche mit Jehuda Almog, dem ersten Vorsitzenden des Landrats des Bezirks Tamar, der die westlichen und südlichen Ufer des Toten Meeres umfasste. Im En Gedi Mitteilungsblatt vom 28. September 1956 wurde eine Nachricht veröffentlicht, die von den Asphaltbrocken im Toten Meer berichtet:

„Ein großer Asphaltbrocken, der auf dem Toten Meer schwamm, wurde geborgen und an Land gebracht. Das Material füllte 24 große Säcke. Der aufgefundene Asphalt birgt eine wichtige Einkommensquelle. In einer Preisliste sind vier Piaster[145] per Rotel [ein altes Maß, das etwa 2,8 Kilogramm entspricht] aufgeführt. Aber Vorsicht!!! Asphalt enthält ein Sexualhormon. Die Einwohner werden um Vorsicht bei der Anwendung gebeten.“ [146]

Vier Tage später erschien die Nachricht auch in der Tageszeitung *Davar*:

„Riesiger Asphaltbrocken

Ein treibender Asphaltbrocken von mehr als 1 1/2 Tonnen Gewicht wurde von Mitgliedern der landwirtschaftlichen Siedlung En Gedi auf dem Toten Meer nahe des Ufers entdeckt. Vier Mitglieder der Siedlung näherten sich schwimmend dem treibenden Asphalt und stießen ihn Richtung Ufer. Am Strandufer legten sie den Asphaltblock in Seile und bewegten ihn mit Hilfe eines Traktors. Die Mitglieder der Siedlung ‚verpackten‘ den Asphalt in 24 große Säcke und hoffen, ihn ‚vermarkten‘ zu können. Ihren Angaben zufolge was dies das erste Mal, dass sie einen Asphaltbrocken dieser Größe fanden. Wie bekannt weist der Fund des Asphalt im Toten Meer auf Erdölvorkommen in der Region hin.“[147]

Auf diese Weise entstand der Kontakt mit der TEVA. Seit Friedländer sich an die Kibbuzmitglieder gewandt hatte, wussten sie, dass TEVA jahrelang auf die Verarbeitung des Rohmaterials Bitumen gewartet hatte, um Arzneimittel produzieren

143 Yosef Breslavi [Breslavski], *Hajada'ta et ha'arez?* [Kennst du das Land?], En Harod, Erstausgabe 1940. Bd. 3: Jam hamelach saviv saviv [Die Umgebung des Toten Meeres].

144 Zeev Wilnai, *Ha'enziklopedia lejediat erez jisrael: jam hamelach wechofo hajisraeli* [Enzyklopadie zur Landeskunde von Eretz Israel: Das Tote Meer und das israelische Ufer], Mo'aza ezorit Tamar, Tel Aviv 1956. .

145 Eine Währung aus der Zeit der türkischen Herrschaft über Palästina. Die offizielle Währung hieß Lira und 1 Lira unterteilte sich in 100 Piaster.

146 Archiv des Kibbuz En Gedi und nach Informationen von Eli Raz.

147 Ebd.

zu können. Weitere drei Jahre vergingen, bis die Firma für die gewerbliche Herstellung medizinischer Präparate mit dem Rohstoff Bitumen beliefert werden konnte. Beide Seiten mussten sich zum Zweck der Projektrealisierung erst organisieren. Die Mitglieder des Kibbuz En Gedi mussten geeignete Wege finden, um die unregelmäßig auf der Meeresoberfläche verteilt schwimmenden Asphaltblöcke aus dem Wasser zu ziehen. Bei der TEVA war man mit der Verarbeitung des Rohmaterials beschäftigt und energisch bemüht, die Präparate zu entwickeln, sowie den scharfen, abstoßenden Geruch des Bitumens abzumildern. Die Firma lag im Stadtviertel Bajit Wegan, einem sich entwickelnden Wohngebiet, und war auf die ökologischen Probleme, die das Bitumen mit sich brachte, nicht eingerichtet.

Die erste Lieferung aus En Gedi traf offenbar 1959 bei TEVA ein.[148] Der Preis für ein Kubikmeter Asphalt betrug 4,000 israelische Pfund, die damals etwa 1,480 US Dollar entsprachen.[149] Den Kilopreis für Asphalt berechnete man in En Gedi entsprechend des geltenden Preises für einen Liter Benzin. Dan Benis, Kibbuzmitglied von En Gedi erzählt:

„An einem dieser Tage stieg ich aufs Dach und traf dort Gad Scheina, ein Mitglied der damaligen ‚Feldtruppe'. Wir blickten aufs Meer und sahen eine Formation, die wie eine schwarze Kappe aussah, die aus dem Meer ragte. Wie ein Eisberg, von dem man nur die Kuppe sah. Das war ein riesiger Block von etwa 10 Tonnen Gewicht. Wir zogen uns sofort Badehosen an, rannten zum Meer und sprangen hinein. Es war Winter damals und das Wasser war sehr kalt, aber daran dachten wir gar nicht nicht und begannen zu schwimmen. Trinkwasser hatten wir nicht mitgenommen und wir schwammen etwa eine Stunde. Je näher wir dem schwarzen Brocken kamen, desto mehr schien er sich von uns zu entfernen. Wir schwammen noch etwa eine viertel Stunde weiter, aber unsere Kräfte ließen nach und wir achteten auch gar nicht darauf, wo wir uns befanden. Wir waren völlig erschöpft und beschlossen, zum Strand zurückzukehren. Am Rande unser Kräfte schwammen wir zurück und erreichten nur mühsam das Ufer. Wir waren erfroren – auch die Sie wissen schon was – und begannen zu laufen, aber auch die Beine waren gefroren. Wir liefen auf den Steinen wie auf Stacheln und mussten uns setzen, und schließlich rutschten wir auf dem Hintern rückwärts."[150]

Am 28. November 1958 erschien im Mitteilungsblatt des Kibbuz erneut eine Notiz über einen Asphaltbrocken:

„Asphalt: Vergangene Woche wurde im Meer ein riesiger schwarzer Brocken entdeckt. Als man sich ihm nähern wollte, um ihn zu begutachten, stellte sich heraus, dass es sich um falschen Alarm gehandelt hatte – nichts wie weg hier – denn es war der Kadaver eines Esels. Diese Woche wurde zum Ausgleich dafür ein echter, zwei Tonnen schwerer Bitumenblock an den Strand gespült, der herausgezogen und verkauft wurde."[151]

---

148 Mitgeteilt von Ajala und Dan Benis, Kibbuz En Gedi, 11. Juni 2008.

149 Cf. Wechselkurs auf der webpage der Bank Israel: <http://www.bankisrael.gov.il/heb. shearim/shearim48-77.htm>.

150 Gespräch mit Dan Benis, Kibbuz En Gedi, 11. Juni 2008.

151 Archiv des Kibbuz En Gedi.

Ein Mitglied des Kibbuz En Gedi sitzt auf einem Asphaltbrocken

Asphaltbrocken am Ufer des Toten Meeres

Die Asphaltblöcke waren riesengroß und mussten für den Transport zerkleinert werden. Die Spaltung der Asphaltblöcke war eine eigene Kunst. Man durfte den Asphalt nicht zerschlagen, denn Schläge würden den Block in viele kleine Splitter auflösen und in diesem Zustand ließ er sich nicht transportieren. Der Asphalt gelangte als Rohstoff zur TEVA, wurde dort veredelt und mittels verschiedener Temperatur- und Hochdruckverfahren wurden die aktiven Stoffe herausgelöst und der Schwefelwasserstoff herausgefiltert. Das Team der Chemiker und Pharmazeuten entwickelte unter der Aufsicht von Dr. Markowicz fünf „Bitupal"-Präparate, die in flüssiger Form und als Salben erhältlich waren.[152] In einigen Krankenhäusern wurden auf Initiative von Prof. Dostrovsky und Prof. Sagher unter der Leitung von Prof. Katzenellenbogen vom Beilinson-Krankenhaus und Prof. Berlin von der Hadassah-Klinik in Tel Aviv ausgedehnte klinische Versuchsreihen über Wirkung und Einfluß der Präparate durchgeführt. Trotz der heilenden Eigenschaften des „Bitumen palaestinum" war die Applikation wegen des abstoßenden, unästhetischen Äußeren problematisch. Die schwarzbraune Farbe und der beißende Teergeruch erschwerten die Compliance, so dass diese Eigenschaften für die Produktion des gewünschten Präparates neutralisiert werden mussten. Es gelang dem TEVA-Team, die Farbe des Präparats in ein helles Gelb zu verwandeln, wie auch den beißenden Geruch zu neutralisieren und ihm stattdessen eine angenehmere Duftnote zu verleihen. Die Präparate erhielten ihre Zulassung für den Verkauf auf dem amerikanischen Markt und anläßlich der Jahresversammlung der American Medical Association, die 1959 in Jerusalem stattfand, wurde in der *Jerusalem Post* ein Artikel über die „Bitupal"-Präparate veröffentlicht. Der Verfasser des Artikels ignorierte jedoch die TEVA als entwickelnde und herstellende Firma. Das Unternehmen reagierte auf diesen Artikel mit einem Brief, der am 11. Juni 1959 zum Abdruck kam:

Medizinisches Hautpräparat
An den Herausgeber der Jerusalem Post

Sehr geehrter Herr,

Ihr Bericht vom 8. Juni über die Vorstellung des pharmazeutischen Produkts Bitupal auf dem Jahrestreffen der American Medical Association vergisst zu erwähnen, dass es sich um ein Produkt des Hauses TEVA Middle East Pharmaceutical & Chemical Works Ltd. Jerusalem handelt.

Als TEVA 1934 [sic] gegründet wurde, bestand ihr Hauptanliegen darin, die natürlichen Resourcen des Landes für therapeutische Zwecke zu nutzen, daher der Name TEVA (Natur). Es darf daher als besonderer Erfolg gelten, dass Bitupal, welches aus dem Bitumen des Toten Meeres gewonnen und in Jerusalem produziert wird, für den Amerikanischen Markt akzeptiert worden ist.

Das Bitumen wird heute vom Kibbuz En Gedi gewonnen. Die fraktionelle Kristallisation wurde von unserem pharmazeutisch-chemischen Team geleistet, damals unter der Leitung von Dr. Markowicz und die ausgedehnten klinischen Versuchsreihen – initiiert von den Professoren Dostrovsky und Sagher – wurden von Prof. Katzenellenbogen vom Beilinson-Krankenhaus und Prof. Berlin von der Hadassah-Klinik in Tel Aviv durchgeführt.

---

152 TEVA Middle East Pharmaceutical & Chemical Works Ltd., *Trufot teva, katalog klali* [Natürliche Arzneimittel, Allgemeiner Katalog], Jerusalem 1965.

Die Bedeutung von Bitupal als Heilmittel für eine Vielfalt von Hautkrankheiten ist hierzulande seit mehr als 20 Jahren bekannt. Die Berichte amerikanischer Dermatologen bestätigen heute durchweg die Berichte israelischer Wissenschaftler. Die Einführung von Bitupal auf den amerikanischen Markt verdankt sich Herren Sidney Musher, Präsident der Musher Foundation in New York.

Hochachtungsvoll

TEVA Middle East Pharmaceutical & Chemical Works Ltd. Jerusalem
Jerusalem, den 9. Juni.[153]

Eines der Präparate war Leuko-Bitupal-Cordelta. Die Salbe wurde in der dermatologischen Abteilung des Tel Hashomer-Krankenhauses angewandt. Die Ärzte L. Ziperkovski und A. Feinstein führten Kontrolluntersuchungen und Nachsorge an 25 Patienten mit Hautkrankheiten durch, die mit der Salbe behandelt worden waren. Um ihre Wirkung zu verstärken, fügten sie einen bestimmten Prozentsatz an Prednisolon hinzu und veröffentlichten die Behandlungsergebnisse in einer Studie, die in der Zeitschrift *Die Medizin* erschien.

„25 Patienten, die an verschiedenen Dermatosen (Hautkrankheiten) litten, wurden mit dem Präparat Leuko-Bitupal-Cordelta behandelt. In drei Fällen von Handekzemen, zwei Fällen von Psoriasis und einem Fall von Lupus erythematodes disseminatus trat keinerlei Besserung ein, während bei 19 Fällen von nervlich bedingten Hautentzündungen, Neurodermitis (atopisches Ekzem), Kontaktdermatitis, infektiösen Hautentzündunen und Juckreiz am Anus eine Besserung eintrat. Bei gewöhnlichem Juckreiz trat in 16 Fällen eine Besserung ein. Die Anwendung der Salbe Leuko-Bitupal-Cordelta wird in bestimmten Fällen der hier genannten Dermatosen empfohlen. Unverträglichkeit auf das Medikament ist relativ selten, von den 25 erwähnten Fällen zeigte nur ein Patient Symptome der Unverträglichkeit.“[154]

Die Bitupal-Präparate waren gefragt und wurden auf dem israelischen und amerikanischen Markt verkauft. Im dicht bewohnten Stadtviertel Bajit Wegan allerdings verstärkten sich das Murren über den ökologischen Schaden, den die Firma anrichtete. Die Bewohner beschwerten sich immer wieder bei der Stadtverwaltung. Seitdem das Bitumenvorkommen im Toten Meer zurückgegangen war, ging auch die Herstellung des Präparates Bitupal langsam zurück. Dies ist eines der Resultate menschlichen Eingreifens in das Ökosystem Totes Meer. Seit 1980 sinken jedes Jahr feste Salzschichten von einer Dicke von etwa 10 Zentimetern auf den Meeresgrund und dichten die Risse im Meeresboden ab. Aus diesem Grund kann das Bitumen nicht mehr aus dem Erdinnern hochbrechen.[155]

1959 veranstaltete die pharmazeutische Sektion, die zum Dachverband der Industriellen-Vereinigung gehörte, eine Umfrage, in der die israelischen Pharmazie-

---

153 *Jerusalem Post*, 11. Juni 1959.

154 L. Ziprkowski und A. Feinstein, *Harefu'a* [Die Medizin], Bd. 65, H. 10 (1963), S. 320-323.

155 Laut Vortrag des Geologen Eli Raz, Kibbuz En Gedi, 12. Juli 2008.

firmen nach bestimmten Kategorien eingeteilt wurden. Das Ergebnis der Klassifizierung lautete: 1. Platz für TEVA, Jerusalem, 2. Platz IKAPHARM, Ramat Gan, 3. Platz ZORI, Tel-Aviv, 4. Platz ASSIA, Petach Tikwa, 5. Platz RAFA, Jerusalem, 6. Platz HILLEL, Haifa. Das Ergebnis bewies, dass die Abnehmer die TEVA-Produkte schätzen. In der Firma herrschte große Freude und der Kameradschaftsgeist der Mitarbeiter erhielt neuen Auftrieb: Initiative, Ideenreichtum, Durchführung und Genauigkeit machten sich bezahlt und vor allem verfügte die TEVA über hervorragendes Personal, das der Firma und ihrer Arbeit hundertprozentige Aufmerksamkeit schenkten. Friedländer war darüber hinaus über einen weiteren Punkt erfreut: Von der führenden Liga der Pharmaziefirmen befanden sich zwei in Jerusalem – TEVA und RAFA. Die pharmazeutischen Unternehmen trugen zum industriellen Standort der Hauptstadt Israels bei und trotzten der Vorstellung von Jerusalem als einer Stadt von Bürokraten. Jerusalem, das Objekt von Friedländers träumerischer Begierde, bewies einmal mehr sich selbst und ihre Stärke.

Friedländer war seiner Zeit auf einigen Gebieten voraus: Er verfügte über berufliche und geschäftliche Kontakte mit internationalen, pharmazeutischen Unternehmen; er war ein neugieriger Charakter, bereiste die Welt, besuchte andere Firmen und informierte sich über die Ziele der pharmazeutischen Industrie und die Entwicklung der Qualitätstkontrolle. Zu dieser Zeit begann Dr. Nachama Kein bei TEVA zu arbeiten und entwickelte das Gebiet der Qualitätskontrolle weiter. Sie war eine Neueinwanderin aus Rumänien und leitete über Jahre das Labor zur Qualitätskontrolle, oder das Q.C. wie es abgekürzt hieß. Das Gebiet der Qualitätssicherung befand sich noch in den Kinderschuhen und hatte noch keinen Eingang in die Firmen gefunden. Ein weiteres Berufsbild, dass es damals in Israel noch nicht gab, war der Pharmaingenieur. Friedländer schlug Joram Singer, dem Sohn seiner Frau Johanna vor, dass er zur beruflichen Weiterbildung ins Ausland gehen solle, um den Beruf des Pharmaingenieurs in angesehenen pharmazeutisch-industriellen Unternehmen zu erlernen, mit denen er Kontakt hatte, wie etwa Smith Kline & French Laboratories.

Erziehung, Ausbildung und Beruf legten nach Friedländers Auffassung den Grundstein für den späteren Erfolg im Leben eines Menschen. Danach strebte und handelte er, und half, wo er nur konnte. Sein Ziel war es, dass Joram Singer in der Zukunft für die Entwicklung der Qualitätskontrolle, also für die Überwachung der Produktionsprozesse und Laborverfahren zur Sicherung der Produktqualität in der Jerusalemer Firma zuständig sein sollte. Mitte der 60er Jahre unterliefen in den USA Fehler bei der Herstellung von Medikamenten, die Menschenleben kosteten. Bis dahin erfolgten die Produktionsprozesse weitgehend manuell und unterlagen noch nicht strengen, gesetzlich verankerten Vorschriften oder rigiden Verfahrensweisen. Als Reaktion auf diese Vorfälle und um derartige

Vorkommnisse in der Zukunft zu vermeiden, ergriffen die behördliche Lebensmittelüberwachung und die Arzneimittelzulassungsbehörde der USA (FDA, Food and Drug Administration) Maßnahmen und erließen Richtlinien, die dererlei Versäumnisse für die Zukunft verhindern sollten. Das Paket nannte sich GMP – Good Manufacturing Practices – gute Produktionsverfahren. Diese Leitlinien umfassten alle Gebiete, die mit Entwicklung und Produktion von Arzneimitteln zu tun hatten, wie Forschung, Entwicklung, Herstellung und Qualitätsmanagement, Verpackung und dergleichen. Nach einiger Zeit konnte keine Pharmafirma mehr produzieren oder vertreiben, wenn sie nicht sicherstellte, dass sie nach den Richtlinien des GMP verfuhr.

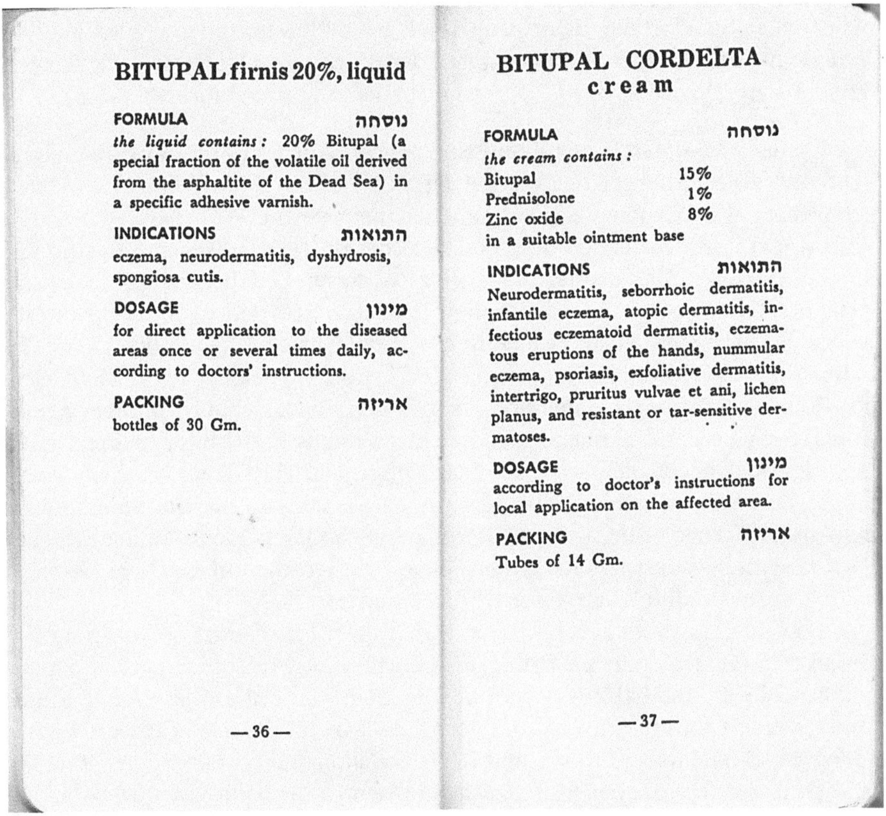

BITUPAL firnis 20%, liquid

FORMULA נוסחה
the liquid contains: 20% Bitupal (a special fraction of the volatile oil derived from the asphaltite of the Dead Sea) in a specific adhesive varnish.

INDICATIONS התוויות
eczema, neurodermatitis, dyshydrosis, spongiosa cutis.

DOSAGE מינון
for direct application to the diseased areas once or several times daily, according to doctors' instructions.

PACKING אריזה
bottles of 30 Gm.

—36—

BITUPAL CORDELTA
cream

FORMULA נוסחה
the cream contains:

Bitupal	15%
Prednisolone	1%
Zinc oxide	8%

in a suitable ointment base

INDICATIONS התוויות
Neurodermatitis, seborrhoic dermatitis, infantile eczema, atopic dermatitis, infectious eczematoid dermatitis, eczematous eruptions of the hands, nummular eczema, psoriasis, exfoliative dermatitis, intertrigo, pruritus vulvae et ani, lichen planus, and resistant or tar-sensitive dermatoses.

DOSAGE מינון
according to doctor's instructions for local application on the affected area.

PACKING אריזה
Tubes of 14 Gm.

—37—

Aus dem TEVA Produktkatalog, 1965

Joram Singer wurde zur Fortbildung in die USA geschickt und als er zur TEVA zurückkehrte, brachte er diese neuen Richtlinien mit. Die Firmenleitung und die leitenden Angestellten der Firma waren bereits in die Jahre gekommen und hatten ihre angestammten Gewohnheiten. Es war nicht eben leicht, sie davon zu überzeugen, dass die Ordnung der Dinge sich geändert hatte und dass man die Firma den Bedürfnissen der Zukunft anpassen musste, womit insbesondere der amerikanische Absatzmarkt gemeint war. Das TEVA-Unternehmen in Jerusalem war demnach eines der ersten im Lande, das nach den Richtlinienn der GMP verfuhr.

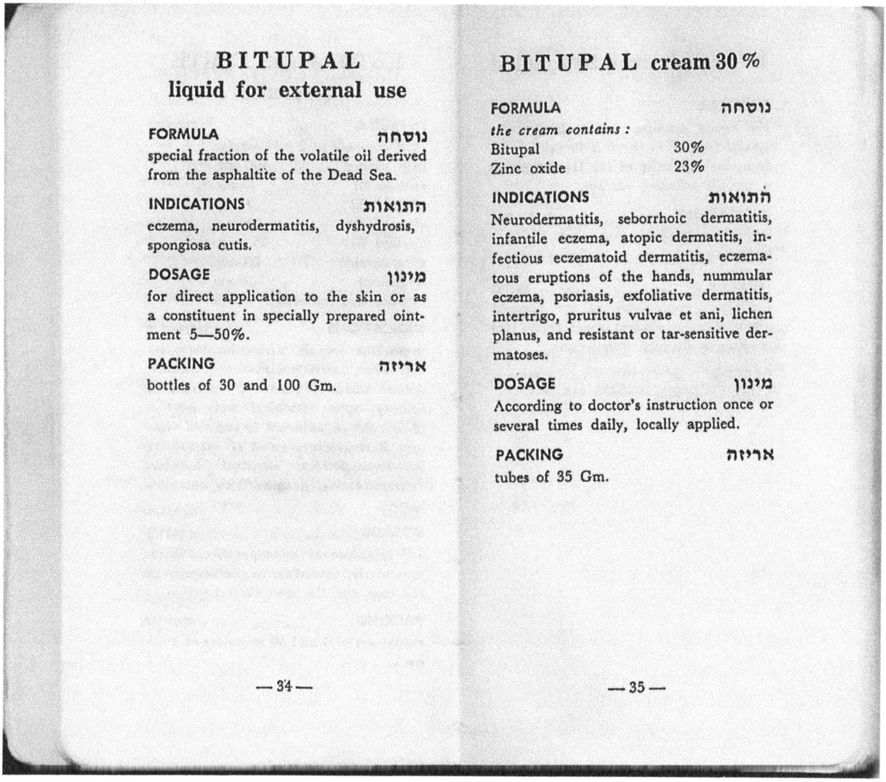

BITUPAL
liquid for external use

FORMULA נוסחה
special fraction of the volatile oil derived from the asphaltite of the Dead Sea.

INDICATIONS התוואות
eczema, neurodermatitis, dyshydrosis, spongiosa cutis.

DOSAGE מינון
for direct application to the skin or as a constituent in specially prepared ointment 5—50%.

PACKING אריזה
bottles of 30 and 100 Gm.

— 34 —

BITUPAL cream 30 %

FORMULA נוסחה
the cream contains :
Bitupal 30%
Zinc oxide 23%

INDICATIONS התוואות
Neurodermatitis, seborrhoic dermatitis, infantile eczema, atopic dermatitis, infectious eczematoid dermatitis, eczematous eruptions of the hands, nummular eczema, psoriasis, exfoliative dermatitis, intertrigo, pruritus vulvae et ani, lichen planus, and resistant or tar-sensitive dermatoses.

DOSAGE מינון
According to doctor's instruction once or several times daily, locally applied.

PACKING אריזה
tubes of 35 Gm.

— 35 —

Aus dem TEVA Produktkatalog, 1965

Jedes Jahr wählte die Firmenleitung einen Mitarbeiter, der für seine Leistungen augezeichnet wurde und hielt ihm zu Ehren eine Zeremonie ab, in der dem Mitarbeiter in Anwesenheit der gesamten Belegschaft und der Firmenleitung eine Urkunde und ein Geschenk von Günther Friedländer persönlich ausgehändigt wurde. 1960 fiel die Wahl auf Shulamit Avivi-Lopez. Als Dank für ihre Dienste erhielt sie einen Bildband von Rembrandt mit folgender Widmung:

„Für Frau Shulamit Avivi

Im Rahmen der Wahl zum besten Mitarbeiter des Jahres bringen wir hiermit unsere Wertschätzung für Ihre treue Mitarbeit zum Ausdruck, die sich in effizienter Arbeit zeigte und zum Besten der Firma bewährte.

Mit Dank und den herzlichsten Wünschen

Die Firmenleitung der TEVA GmbH"

Die Wahl des Geschenkbandes zeigt die Bindung an kulturelle Werte sowie den Versuch, die Arbeitnehmer zu ermutigen, sich zu kulturell zu bilden. An den Wänden des Firmengebäudes hingen von den Mitarbeitern gezeichnete Karikaturen, die das Firmenleben beschrieben. Eine dieser Karikaturen stammte von Avivi, Shulas Ehemann. Sie zeigt seine Frau, die, auf dem Rücken liegend träumt, wie Weinstock und Schlomo Mendel die TEVA-Produkte im Jahr 2000 per Flugzug, Eisenbahn und Schiff nach Amerika, Ägypten, in die Türkei und andere Länder transportieren. Diese Vorstellung sollte sich weit vor dem Jahr 2000 bewahrheiten. 1966 verließ Shula Avivi die Firma aus familiären Gründen und zog nach Petach Tikwa. Sie erbat von Dr. Friedländer eine Kündigungsabfindung. Der Chef wollte sie als Mitarbeiterin, die viel zum Erfolg der Firma beigetragen hatte, behalten und half ihr innerhalb der Firma bei ihrem beruflichen Aufstieg von der Leiterin der Verpackungsabteilung zur medizinischen Werbekauffrau im Zentrum des Landes und zahlte ihr auch eine Abfindung. Es zeichnete Friedländer aus, dass er sein Herz weit öffnete für Angestellte, die sich der Firma verschrieben und an ihrem Erfolg und Aufschwung Anteil hatten.

Weitere Produkte

TEVA produzierte mit seinen unterdessen mehr als 200 Angestellten in seiner sterilen Abteilung große Mengen an Penicillin, die in die Türkei importiert wurden. Die TEVA leistete in Israel Pionierarbeit bei der industriellen Herstellung von Arzneimitteln in Form eines Dosieraerosols. Diese Applikatoren stammten aus den USA und waren von dem Pharmazeuten Gideon Goldhaber in die Firma eingeführt worden.1964 kam die Verbindung mit der Firma Sintex Minerals & Services, Inc. in Mexico zustande, ein Rohstofflieferant für die Herstellung von Antibiotika. Dr. Schindel, zuständig für die Werbung bei TEVA, war ein „Jecke", aber in seinem Charakter völlig verschieden von den anderen aus Osteuropa stammenden Mitarbeitern, die eine sehr strenge preußische Erziehung durchlaufen hatten. Schindel stammte aus Bayern und war ein lebenslustiger humorvoller Mann. In seiner Gegenwart ging es immer fröhlich und heiter zu, das Leben schien leichter als sonst. Schindel reiste oft zu Kongressen und internationalen

Treffen ins Ausland und brachte von dort Innovationen mit. Er führte Friedländers bereits in Görlitz erdachte Werbestrategie für die Produktlinien weiter: der herzliche und warme Kontakt sowie das direkte Gespräch mit den Kunden, den Ärzten. 1965 veröffentlichte TEVA einen bescheidenen Produktkatalog in Form einer schmalen dunkelblauen Broschüre. In den Eingangsworten wandte die TEVA sich in persönlicher Form an die Ärzte. Im linken Teil des Katalogs waren die Präparate der Firma dargestellt, im rechten Teil stand die Indikationsliste und die entsprechenden Arzneimittel. Das schmale Kompendium war kompakt und enthielt umfassende Information für die als Zielgruppe avisierten verschiedenen Marktsektoren, wie Apotheken, Krankenhäuser und Ärzte.

Gemeinsame Projektarbeit mit der Universität

Seitdem Günther Friedländer davon geträumt hatte, in Erez Israel eine Firma zu gründen, bestand eines seiner strategischen und visionären Fernziele darin, bei der industriellen Entwicklung und den Versuchsreihen der Präparate mit der Universität und ihren Forschungsinstituten zusammenzuarbeiten. Mitte der 60er Jahre entwickelte er mit Prof. Solman, dem Leiter der Abteilung für angewandte Pharmazie der Hebräischen Universität, antibiotische Präparate, die vom Gesundheitsministerium finanziert wurden. Hier sei als Beispiel einer der Berichte von Prof. Solman über die laufende Forschungsarbeit eingefügt:

Hebräische Universität, Abteilung für angewandte Pharmazie, Postfach 517,
Jerusalem, Israel

9. November 1966

Herrn Dr. G. Friedländer
Teva
Postfach 1142
Jerusalem

Lieber Dr. Friedländer,

Betr.: Antwort bezügl. der PEF-Zuwendungen

1) Ihr Projekt zum Thema Phenylethylacetylsalicylat findet sich unter guter Kontrolle und ich denke, wir werden positive Ergebnisse haben. Sie werden als Erster den offiziellen Bericht im Februar erhalten und ich verspreche Ihnen, den Bericht gleichzeitig auch an Herrn S. Musher zu schicken.
2) Ihr Projekt Erythromycinemboat wurde jetzt von Herrn Musher für die Phasen 1 und 2 bestätigt.
   a) Klassifizierung des aktiven Konzentrats Erythromycinemboat in vitro – 500 Israelische Pfund.
   b) Klassifizierung der Wirkung des Erythromycinemboat – 1,500 Israelische Pfund. Das heißt, Dr. Weissberg wird von Herrn A. Schevitzky von der Hebräischen Universität die Summe von

2,000 Israelischen Pfund erhalten. Dr. Weissberg teilte mir mit, dass er Herrn Schevitzky und das Gesundheitsministerium direkt kontaktieren wird.

Als Anlage beigefügt unsere Unterlagen: G. Ben Ziv G. & P.G. Zolman:

Die Wirkung von Tetrahydropapaverin und Homodihydropapaverin auf den Blutdruck. Arch. Internat. Pharmacodyn & Therap. 149: 200-208, 1964.

Ich denke, wir sollten versuchen, Tetrahydro papaverin auch hier im Land zu entwickeln.

Von der hiesigen und internationalen Industrie wurde ich gefragt, wann ich die Absicht hätte, die Entwicklung dieses Präparates voranzutreiben, das auf theoretischer und pharmazeutischer Basis vielversprechend klingt. Ich habe hier eine weitreichende Verpflichtung. Wenn Sie mir also freundlicherweise versichern wollten, mir mitzuteilen, ob Sie auf der Basis des PEF Vorschlags Interesse an dieser Sache haben. Wenn nicht, würde ich mit Ihrer Zustimmung die Sache an eine anderes Forschungsteam übergeben.

Mit bestem Dank für Ihre Kooperation und Ihre Bemühungen

Prof. P. G. Solman

Leiter der Abteilung für angewandte Pharmazie[156]

1967 erhielt Dr. Schindel mit Baruch Shogul Verstärkung für die Presse-und Öffentlichkeitsarbeit der Arzneimittel. Friedländer beförderte Dr. Shogul, der von Tel Aviv nach Jerusalem zog und dort einen dreimonatigen, beschleunigten Intensivkurs in Anatomie, Pathologie, Präparaten und Krankheitsbildern absolvierte. Friedländer mietete Shogul ein Zimmer im Hotel König in Jerusalem und etwas später mietete dieser dann ein Zimmer in der Wohnung einer der „jeckischen" Familien der Stadt. Zu dieser Zeit hatte Teva etwa 250 Produkte im Programm, unter denen sich auch einige Präparate zur Mundhygiene befanden, deren Vermarktung die Werbestrategen jedoch den Zahnärzten überlassen hatten. Shogul entdeckte die Lücke und konzentrierte sich auf diesen Marktsektor. Er ließ Rezeptblöcke für die Präparate zur Mundhygiene drucken, damit die Ärzte den Namen des Medikaments und die zur Einnahme oder Anwendung notwendigen Angaben notieren konnten. Friedländer schätzte die Arbeit Shoguls sehr und erhöhte sein Gehalt einige Male, ohne dass Shogul darum gebeten hätte. Unter Anleitung von Dr. Schindel begann Shogul, Kontakt mit Gesundheitseinrichtungen in Dänemark aufzunehmen, um ihnen beim Aufbau von Gesundheitszentren behilflich zu sein, in denen Hautkrankheiten und insbesondere Psoriasis mit den Bitupal-Prapäraten von TEVA behandelt werden sollten. Dänemark stellte einen großen potenziellen Markt für Bitupal dar, denn viele der mit Psoriasis geschlagenen Dänen kamen jedes Jahr zur Heilkur ans Tote Meer. Mittels der Kontakte, die Dr. Schindel zwischen TEVA und Forschungseinrichtungen weltweit geknüpft hatte, fanden Zusammenkünfte statt, auf denen die Forschungsergebnisse über die Wirkung der TEVA-Produkte präsentiert wurden.

156 Familienarchiv Nomi Eshhar.

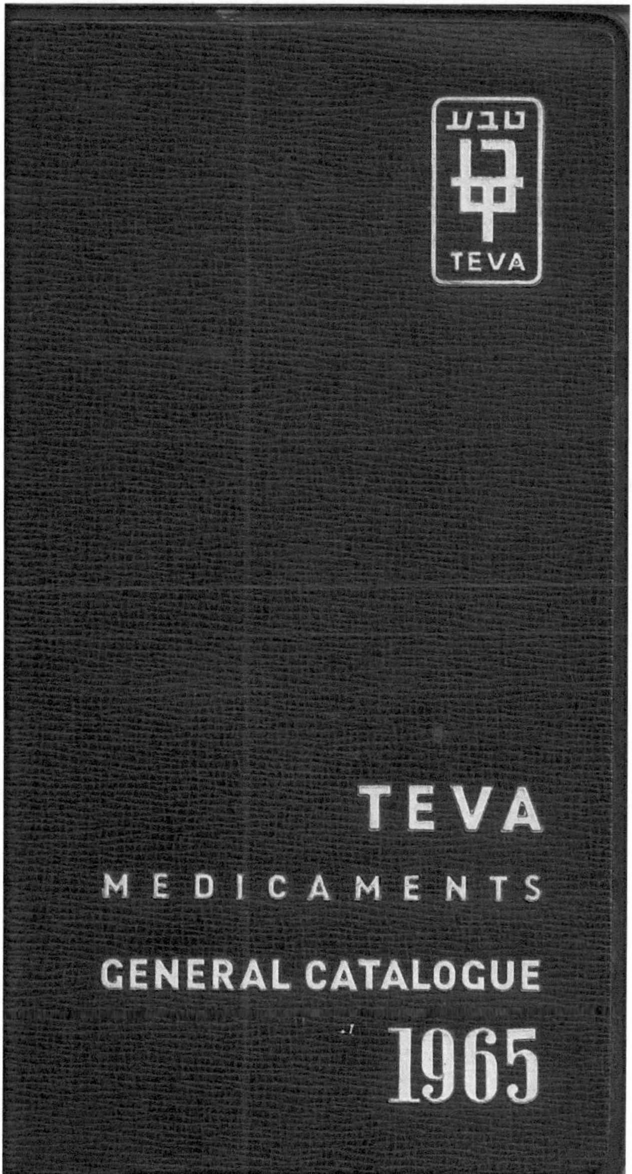

TEVA Produktkatalog

10. Das Blatt wendet sich

Der Firmenstandort Bajit Wegan muss verlassen werden

Bajit Wegan, seinerzeit ein Vorort Jerusalems, wuchs als Wohnviertel ständig weiter und die Wohnhäuser grenzten bereits an das alte Fabrikgebäude, das der Belastung, die mit der wachsenden Entwicklung und Expansion wie auch mit den steigenden Anforderungen an Sicherheit und Umweltschutz einherging, nicht mehr standhalten konnte. Die Beschwerden der Anwohner bei der Stadtverwaltung und beim Ministerium für Handel und Industrie häuften sich und das Ministerium für Handel und Industrie verhängte täglich neue Bußgelder über die TEVA, die das Budget schwer belasteten. Es musste dringend eine Lösung gefunden werden.

1967 entschied die Firmenleitung, ein neues Firmengebäude nach GMP-Standard zu errichten und wandte sich an die israelische Regierung, ihr bei der Suche nach günstigem Bauland behilflich zu sein. Das Produktionsvolumen belief sich 1967 auf 9 Millionen Israelische Pfund, wovon 1.75 Millionen auf den Export fielen.[157] Das Unternehmen zahlte seinen Anteilseignern eine jährliche Dividende von acht Prozent. Angesichts der soliden finanziellen Lage der Firma und des Bemühens, Jerusalem als industriellen Standort zu erhalten, wurde der TEVA von den Behörden ein Areal von 17 Dunam[158] auf dem Jerusalemer Tamir Berg[159] zu akzeptablen Konditionen zugeteilt. In der Firma wie auch in den Jerusalemer Behörden stand man unter dem Eindruck, dass sich das TEVA-Unternehmen auf dem Weg zu neuer Expansion und Entwicklung befand. Im Juni 1967, während des Sechs-Tage-Krieges und auch danach, produzierte das Unternehmen unablässig Medikamente für die Soldaten – in der Hauptsache Schmerzmittel wie Optalgin und Injektabilia. Eine Arbeitsschicht löste die nächste ab und auch die Familienmitglieder wirkten bei der anstrengenden kräftezehrenden Arbeit mit. So auch Friedländers jüngste Tochter Nomi, die soeben ihr Pharmaziestudium in Jerusalem abgeschlossen hatte.

---

157 Tageszeitung *Al Hamishmar*, 6. Oktober 1968.

158 17 Dunam entsprechen 17000m^2 [Anm. der Übers.].

159 Heute ist dieses Areal der Friedhof auf dem Tamir Berg in Jerusalem.

Die Spielregeln ändern sich

Das Verhältnis zwischen dem erwachsenen Friedländer und seiner Tante Else Kober war über die ganzen Jahre sehr korrekt gewesen. In ihrer Nähe war Günther angespannt und war bemüht, sich so kurz als möglich in ihrem Büro aufzuhalten. Else Kober war eine ruhige, schweigsame Frau, die aber stets den Eindruck erweckte, unzufrieden zu sein. Der temperamentvolle und manchmal aufbrausende Friedländer sagte kein Wort. Es gab keinen Streit, doch bisweilen warf er ihr einen wütenden Blick zu. Gemeinsam hatten sie eine erfolgreiche Firma aufgebaut, aber die Zeiten änderten sich und die Fähigkeit zur Zusammenarbeit war nicht mehr gegeben. Elses Gesundheitszustand verschlechterte sich zusehends. Mitte der 60er Jahre verkaufte sie ihre Stimmanteile an die „Bank zur Entwicklung der Industrie“. Über die Hintergründe ihres Handelns und wie sie zu dieser Entscheidung gelangte, ist nichts bekannt. Sie hatte Friedländer nicht die Option geboten, ihre Anteile zu kaufen und so fand sich die TEVA mit einem neuen Miteigentümer wieder: der „Bank zur Entwicklung der Industrie“. Friedländer war sehr verärgert über die Situation, aber es lag nicht in seiner Hand. Das Unternehmen war in einer Expansionsphase, produzierte und vertrieb neue Produkte und war daher auf Resourcen angewiesen. Friedländer hatte keinen Nachfolger großgezogen, weder innerhalb der Firma noch im Familienkreis. Eines Tages schickte die Bank einen teilhabenden Direktor in ihrem Auftrag in die Firma. Es war ein junger Mann, der keine Ahnung vom Metier hatte und durch sein Benehmen die im Unternehmen gepflegten deutschen Umgangsformen aufs Gröbste verletzte. Mitten in einer Sitzung platzte er in Friedländers Büro, setzte sich auf einen Stuhl ihm gegenüber, legte die Beine auf den Tisch, rauchte eine Zigarette nach der anderen und verqualmte das Zimmer. Ein neuer Herr hatte die Arena betreten.

Friedländer litt seit seiner Kindheit an Atemnot, und als sich das Zimmer mit dem Zigarettenrauch füllte, verdunkelte sich sein Blick, sein Atem wurde unregelmäßig und sein Zorn entbrannte über ein derart despektierliches und rücksichtsloses Benehmen. Er bat den jungen Mann, die Beine vom Tisch zu nehmen und das Rauchen zu unterlassen. Als dieser aber nicht reagierte und sein Treiben fortsetzte, schrie Friedländer ihn an und befahl dem neuen von der Bank eingesetzten Direktor, sofort aus seinem Büro zu verschwinden, das Firmengelände zu verlassen und nie mehr wiederzukommen.

Der junge Mann ging, kehrte in die Bank zurück und schilderte Friedländer als kooperationsunwilligen Mann, mit dem man unmöglich zusammenarbeiten könne. Die Bank entschied, die Beziehungen zur TEVA abzubrechen und stoppte die Planung und Entwicklung des Bauvorhabens für das neue Firmengebäude auf dem Tamir Berg. Des weiteren behaupteten die Repräsentanten der „Bank zur

Entwicklung der Industrie", dass der Wert des in ihren Händen liegenden Aktienpakets der TEVA sich seit dem Erwerb nicht verändert habe und beschlossen, ihre Stimmanteile in einer öffentlichen Ausschreibung an den Meistbietenden zu verkaufen.

Friedländer saß in der Falle. Die starke Hand, mit der er das Unternehmen leitete, wurde schwächer. Die Firma, sein Augapfel, drohte vor seinen Augen zu zerfallen. Zu dieser Zeit gab es drei Teilhaber mit Stimmanteilen: Friedländer, Bankier Alfred Feuchtwanger und die „Bank zur Entwicklung der Industrie". Feuchtwanger lebte bereits seit Jahren in der Schweiz und hatte aufgrund persönlicher Differenzen mit Friedländer beschlossen, die Teilhaberschaft aufzukündigen und seine Anteile zu verkaufen. Und nun hatte auch der dritte Teilhaber – die „Bank zur Entwicklung der Industrie" – beschlossen, seine Anteile zu veräußern. Friedländer wollte die Kontrolle über die Teva behalten und war daher gezwungen, an der öffentlichen Ausschreibung teilzunehmen, um die Anteile der Bank zu einem günstigen Preis zurückzukaufen. Geld hatte er nicht und musste deshalb einen neuen Partner finden, um den Kauf realisieren zu können.

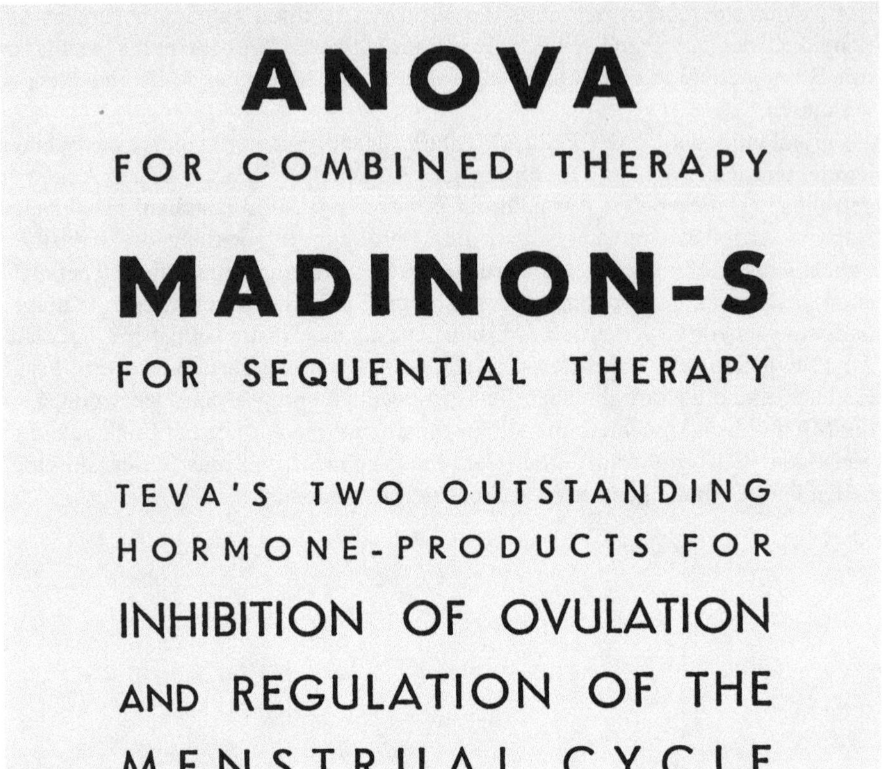

Anzeigen im TEVA Magazin für die Arzneimittel Anova und Madinon

Einer seiner Freunde aus der *Blau-Weiß*-Bewegung war bereit, ihm zu helfen und den gemeinsamen Erwerb der Aktien anzustreben. Es war der Ökonom Dr. Reuven Hecht aus Haifa, ein reger, sehr wohlhabender Geschäftsmann und Eigentümer der „Dagon" Getreidespeicher.[160] Hecht und Friedländer beteiligten sich an der Ausschreibung um die Teva-Aktien der „Bank zur Entwicklung der Industrie". Ihr Gebot kam indes nicht zum Zuge, sie verloren die Ausschreibung und die Anteile gingen an „Assia-Zori". Die neuen Eigentümer kauften auch Feuchtwangers Aktien und besaß damit die Aktienmehrheit an der TEVA. In der Firma herrschten angesichts der neuen Lage Ungewißheit und große Besorgnis, dass die TEVA ihre Tore schließen, ihre Angestellten entlassen müsse und der Firmensitz ins Landesinnere verlegt werde. In Jerusalem wurden Befürchtungen laut, dass die Stadt eines ihrer industriellen Flagschiffe einbüßen würde. In den Verhandlungen über die Zukunft des Unternehmens bot die Direktion von „Assia-Zori" Friedländer an, als Geschäftsführer bei der Teva zu bleiben, aber er lehnte ab: Niemand hatte ihm vorzuschreiben, was er in seiner eigenen Firma, seinem Lebenswerk, zu tun hatte.

Das Verlöschen

Friedländer war kein gesunder Mann. Er litt an Herzschwäche und Diabetes, und die unerfreulichen Vorgänge sowie die große Anspannung der letzten Zeit hatten starke Auswirkungen auf seine Gesundheit. Er fühlte sich betrogen von ihm nahestehenden Menschen, die ihn während seines ganzes Lebens begleitet hatten und ihn ausgerechnet jetzt, als die Firma vor einer gewaltigen Expansion stand, im Stich gelassen hatten. Die Nachricht vom Ausgang der Ausschreibung gelangte auf Umwegen zu ihm und am selben Tag oder tags darauf kam er nach Hause, sagte: „Mir geht es nicht gut" – und brach zusammen. Er erlitt einen Hirnschlag, von dem er sich physisch nicht mehr vollständig erholen sollte.

Aber auch nach diesem Vorfall legte er die Hände nicht in den Schoß und als es ihm etwas besser ging, rief er Baruch Shogul, den von ihm geförderten Jurastudenten, zu sich und sagte zu ihm: „Trotz allem, was geschehen ist, verzweifele ich nicht. Wir werden wieder aufstehen und die TEVA von neuen aufbauen! Ich verfüge über Kontakte mit Pharmafirmen, das sind neue Moleküle und mit ihnen werden wir die TEVA wieder aufbauen." Aber Friedländer hatte weder die physischen noch die mentalen Kräfte, noch einmal neu anzufangen. Er verkaufte seine

160 Vgl. Mosche Halevi, *Cholem welochem: Poalo shel Reuven Hecht beha'pala uwehazala* [Träumer und Kämpfer: Reuven Hechts Mitwirkung bei der illegalen Einwanderung nach Palästina] Jerusalem 2001.

Anteile an „Assia-Zori“, setzte sich zur Ruhe und verließ damit Ende November 1968 endgültig sein Unternehmen.

„Man kann nicht immer ein Held sein, aber man kann immer ein Mann sein.“

Johann Wolfgang von Goethe

Günther blieb geistig klar, aber sehr anfällig und weinte bei jedem rührenden Moment. Sein Zorn über die Vorfälle und jene Tage, in denen er ins Geschehen involviert war, verblasste langsam und er fand sich mit seinem Schicksal ab, wie er es in einem Brief an Shosh Freund, seine ehemalige Sekretärin, formulierte, die Teva 1956 verlassen hatte und mit ihrem Mann in den USA lebte.

17.12.1968

Herren und Frau Freund
New York, USA

Liebes Ehepaar Freund,

wir haben uns gefreut, Ihre zwei Postkarten zu erhalten, die uns fast gleichzeitig erreichten, denn eine kam auf dem Seeweg und die zweite per Luftpost, und wir danken für Ihre Nachfrage und Ihre Glückwünsche.

Dank der ausgezeichneten Pflege und der Medikamente, die ich erhielt, habe ich die Hadassah-Klinik wohlbehalten verlassen und befinde ich mich auf dem Weg der Genesung. Sie werden natürlich verstehen, dass die ganze Sache sehr ärgerlich und unerfreulich war, aber letzten Endes habe ich mit Hilfe des Rechtsanwalts Shefar alles gut überstanden. Mein Arbeitsvertrag wurde anerkannt und Ende nächsten Monats werde ich nach 34 Arbeitsjahren in Pension gehen.

Ich schulde all denjenigen Dank, die mir während meiner Abeitsjahre zur Seite standen und im Alter von 66 1/2 Jahren gehe ich freudig in den Ruhestand, um frei zu sein und um mich der Erhaltung meiner Gesundheit zu widmen.

Ich wünsche ihnen alles Gute in Amerika und freue mich, weiterhin von Ihnen und Ihrem Erfolg in der großen Welt zu hören

Herzliche Grüße und die besten Wünsche für Ihr Fortkommen

Ihr
Günther Friedländer

Friedländers Mobilität war in jenen Jahren bereits sehr eingeschränkt und er verließ das Haus nur selten. Er wollte nicht, dass man ihn in dieser Verfassung sah, mit der partiellen Lähmung, an der er litt. Manchmal, wenn er sich gut fühlte, nahm er Stock und Fotoapparat und ging mit seiner Frau Johanna in Jerusalem spazieren. Im August 1970 besuchten beide die Holocaust-Gedenkstätte Yad Vashem und neben der „Halle der Erinnerung“ fotografierte er die „Säule des Heldentums“ – eine Arbeit des Bildhauers Buki Schwartz, die den Helden des jüdischen Widerstands gewidmet ist, die in der Shoah ermordet wurden. In den ganzen Jahren seines intensiven Lebens in Israel vergaß er nicht für einen Moment die Shoah. Wie es begann, wie es ihm gelang, Deutschland rechtzeitig zu verlassen, nach Erez Israel zu kommen, und an der Wiedergeburt des Landes und seinem Aufbau beteiligt gewesen zu sein. Günther Friedländer starb am 25. Mai 1975 im Alter von 73 Jahren.

„Jugend aber kehrt nie wieder, und der Tod ist die Grenze des Alters. Moses und seine Kinder trugen die Mutter zu Grabe. Der Alte war traurig und verschlossen. Er zog heraus aus dem Weltgetümmel, aus dem Lärme der Straßen. Weit draußen haben ihm seine Söhne ein Häuschen geschenkt, und da lebt er nun und wartet geduldig auf die Tage des ewigen Friedens. Und eines Tages tragen sie auch ihn hinaus auf den Friedhof, und die Erde schließt sich über seinem Sarge: Moses ruht nach seinem wechselvollen Leben aus von allen Strapazen im Lande seiner Sehnsucht, im Lande der Väter."

(Günther Friedländer im Alter von fünfzehneinhalb Jahren, *Im Lande der Väter*, Ratibor, 31.8.1917)[161]

161 Günther Friedländer, *Im Lande der Väter* (1917), Familienarchiv Nomi Eshhar.

Johanna Friedländer am Eingang der „Halle der Erinnerung" in Yad Vashem, Jerusalem, 1970

Günther Friedländer fotografiert die Säule des Heldentums Yad Vashem, Jerusalem, 1970

Nachwort

Das Unternehmen Teva in Jerusalem wurde nicht geschlossen, sondern wuchs und gedieh im Rahmen des „Assia-Zori“-Konzerns, der TEVA aufgekauft und den Namen für sein gesamtes Unternehmen übernommen hatte. Die Zahl der Angestellten in der Jerusalemer Firma wuchs. Diese verschaffte jedem von ihnen ein Auskommen und erfüllte die Jerusalemer mit großem Stolz. Der Traum von Dr. Günther Friedländer, der aus Deutschland stammte und in Jerusalem Wurzeln geschlagen hatte, wächst und entwickelt sich weiter. Der Name TEVA, den Günther 1923 erdacht hatte, ist heute in Israel und auf der ganzen Welt bekannt. Dr. Günther Friedländer hat seine Vision und seine Ziele verwirklicht.

Meilensteine im Leben von Günther Friedländer

1912 – 1929	Mitglied des Jugendbundes *Blau-Weiß*, und später Mitglied des zionistischen Studentenverbandes KJV
1921 – 1926	Studium der Pharmazie, Botanik und Lebensmitttelchemie an der Universität Breslau
1923	Versammlung des Bundestages der *Blau-Weiß*-Bewegung; Plan, in Erez Israel eine Pharmaziefirma mit dem Namen „Teva“ zu gründen
31.12.1927	Abgabe der Doktorarbeit
1930	Apotheker und Pächter der Kronen-Apotheke in Görlitz
1930 – 1934	Aktive Mitarbeit in den zionistischen Zirkeln in Görlitz
1931	Günther Friedländer heiratet Charlotte Mühsam in Görlitz
1933	Erkundungsreise durch Palästina nach der Machtübernahme der Nationalsozialisten
12.4.1934	Ankunft der Friedländers in Erez Israel
1.5.1935	Offizielle Eröffnung der Firma TEVA in Jerusalem
1935 –	Aktive Mitwirkung in der „Vereinigung der deutschen Einwanderer“, oder mit heutigem Namen „Vereinigung der Israelis mitteleuropäischer Herkunft“
16. 11. 1950	Berufung in das Gründungskommittee der Schule für Pharmazie in Jerusalem
Okt. 1953	Beginn des Unterrichts in der Schule für Pharmazie in Jerusalem
1954	Verleihung der Auszeichnung an TEVA für herausragende Leistungen durch den israelischen Präsidenten
1959	Beginn der Produktion der Bitupal-Produkte aus dem Bitumen des Toten Meeres
1964	Kontaktaufnahme mit der Firma Sintex Minerals & Services, Inc. in Mexico
1967	Beginn des Bauvorhabens für ein neues Firmengebäude auf dem Tamir Berg in Jerusalem
24.11.1968	Übernahme des TEVA-Unternehmens durch den „Assia-Zori“-Konzern, Friedländer scheidet aus der Firma aus
25.5.1975	Tod Dr. Friedländers

Nachweise

Interviews

Shlomit (Shulamit, Shula) Avivi, Interview in Petach Tikwa, 2008.
Lea Baki, Interview in Jerusalem.
Ruth Bikson, Interview in Ramat Hasharon 2008.
Nomi Eshhar, Interviews in Rechovot 2006 und 2008.
Shoshana Freund, Interview in Ramat Hasharon, 2008.
Kibbuz En Gedi, Interview mit alteingesessenen Kibbuzmitgliedern, 2008.
Gad Lior und Shulamit Globus, Interview in den Räumen der Tageszeitung Jediot Achronot, Jerusalem 2008
Malka Raviv, Interview in Jerusalem, 2008.
Eli Raz, Interview im Kibbuz En Gedi, 2008.
Baruch Shogul, Interview in Ramat Gan, 2008.
Gabriel (Gabi) Schutz, Interview in einem Kaffehaus in Ramat Gan, 2008.

Vorträge

Raz, Eli, „Kalkalat agam jam hamelach" [Die Ökonomie des Toten Meeres], Kibbuz En Gedi, den 12. Juli 2008.
Zur, Muki, „Bein gvura wehitnagdut" [Zwischen Heroismus und Widerstand], Yad Vashem, den 14. Juni 2008.

Archive

Archiv des Kibbuz En Gedi
Familienarchiv Nomi Eshhar, Rechovot, Privatbesitz
Geschichten von Dr. Günther Friedländer
Verschiedene Dokumente
Familienarchiv Friedländer/Bikson, Ramat Hasharon, Privatbesitz

The Central Zionist Archives (CZA), Jerusalem
Sammlung Günther Friedländer, CZA, AK462/1-15
Friedländer, Johanna, Firmenbiographie und Lebenslauf von Dr. Günther Friedländer, [1975, engl.], CZA, AK462/12.
Friedländer, Günther, Blatt „Persönliche Daten", 5.11.1934, CZA, AK462/3.
Friedländer, Günther, „Grundlinien für den Aufbau einer Klinischen und Universitätsapotheke in Jerusalem" 5.11.1934, CZA, AK462/3.
Friedländer, Günther, „Notizen für Dr. Grunwald", 19.7.1945, CZA, AK462/6.
Friedländer, Günther, „Chawat da'at", [Gutachten], 5. Mai 1954, CZA, AK462/8.
Friedländer, Günther, Autobiographischer Abriss [1968], CZA, AK462/3.

Korrespondenz

Manfred Aschner an Günther Friedländer, 30.8.1924, CZA, AK462/11
Misrad hamerkazi lejischuv jehudei germania, heskem wehitkatvut, klita weksafim, 1933-1934 [Zentralbureau der Ansiedlung deutscher Juden, Abkommen und Korrespondenz, Aufnahme und Finanzen 1933-1934, CZA, S1/2651.
Hitachdut olei germania – mimun jischuv 1933-1934 [Vereinigung der deutschen Einwanderer], CZA, S7/27,1.
Prof. Warburg an Friedländer, 17.4.1935, CZA, AK462/6.
Friedländer an Warburg, 19.4.1935, CZA, AK462/6.
Dr. Günther Friedländer, als Vorsitzender der Organisations- und Planungskommission zur Gründung der Schule für Pharmazie an Prof. Wertheimer, 6.6.1954 [Hebr.], CZA, AK462/8.
Dr. Günther Friedländer, als Vorsitzender der Organisations- und Planungskommission zur Gründung der Schule für Pharmazie an Akiva Kos Bina, 24. und 25.6.1954 [Hebr.], CZA, AK462/8.
Dr. Meir an Friedländer, als Vorsitzender der Organisations- und Planungskommission zur Gründung der Schule für Pharmazie, 15.7.1954 [Hebr.], CZA, AK462/8.

Protokolle

Protokol wa'adat hatichnun leveit hasefer lerokchut [Protokoll der Planungskommission der Schule für Pharmazie], 30.3.1954, AK462/8.
Seinfeld, Protokol wa'ada hameja'ezet [Protokoll der Beratungskommission zur Gründung der Schule für Pharmazie],14.6.1954, AK462/8.

Protokolle der Beratungskommission zur Gründung der Schule für Pharmazie vom 14.6.1954, 19.7.1954 und 12.9.1954 [Hebr.], AK462/8.
Wa'adat hakabala lestudentim [Zulassungskommission für Studenten] 1956, AK462/8.
Protokolle der Sitzungen der Schule für Pharmazie in Jerusalem 1950-1956 [Hebr.], AK462/8.
Yad Vashem Archives, Jerusalem

Zeitungen

Al Hamishmar, Tageszeitung, 6. Oktober 1968
Apotheken Werbung, Beiblatt der Apotheker-Zeitung, hg. von Walter Korach, Berlin, 1.8.1931, „Drei gelungene Lösungen des Schaufenster-Problems", S. 17-19.
Görlitzer Nachrichten, 2.4.1933, Nr. 79, Titelblatt; 7.4.1933, Nr. 83, Titelblatt; Jerusalem Post, 11.6.1959.
Neuer Görlitzer Anzeiger, 31. März 1933
Oberlausitzer Frühpost, 1.4.1933.

Enzyklopädien

Encyclopaedia Judaica: das Judentum in Geschichte und Gegenwart, 1928–1934, Bde. 1-10, A-Lyra.
Encyclopaedia Judaica, 2. neu bearbeitete Aufl. 2006, 22 Bde.
Encyclopedia of the Holocaust, Yad Vashem 1990, Bd. 4., Eintrag <Julius Streicher>.
Encyclopedia of Zionism and Israel, Ha'enziklopedia ha'ivrit, 1968, Bde. 19-20.

Bildnachweise

Shlomit Avivi, Petah Tikwa
The Central Zionist Archives in Jerusalem
Ruth Bikson, Ra'anana
Nomi Eshhar, Rechovot
Shoshana Freund, Ramat Gan
Archiv Kibbuz En Gedi

Malka Raviv, Jerusalem
Gabriel Schutz, Ramat Gan

Literaturverzeichnis

Agras, Eliyahu, *Sipura shel hahistadrut*, Tel-Aviv 1961.

Arad, Yitzhak / Gutman, Israel u.a. (Hgg.), *Documents on the Holocaust*, Yad Vashem Publications, Jerusalem 1981.

Breslavi [Breslavski], Yosef, *Hajada'ta et ha'arez?* [Kennst du das Land?], En Harod, Erstausgabe 1940. Bd. 3: Jam hamelach saviv saviv [Die Umgebung des Toten Meeres].

Chamishim shana Blau-Weiß [50 Jahre Blau-Weiß], Nahariya 1962 [Broschüre].

Feilchenfeld, Werner / Michaelis, Dolf / Pinner, Ludwig: *Haavara-Transfer nach Palästina und Einwanderung deutscher Juden 1933-1939*, Tübingen, 1972.

Flavius Josephus (Josef ben Matitjahu), *Geschichte des jüdischen Krieges*. Aus dem Griechischen übersetzt von Philipp Kohout, Linz 1901, <http://de.wikisource.org/wiki/Juedischer_Krieg/Buch_I_1-9> (8. August 2011).

Frenkel, Shlomo / Bichler, Shimshon, *Hamejuchasim – Azulat hahon shel jisrael* [Die Priviligierten – die Finanzelite Israels], Tel-Aviv 1984.

Friedländer, Günther, „Zur Bestimmung des Arsengehalts des Natrium kakodylicum D.A.B.6." In: *Apothekerzeitung. Organ des deutschen Apotheker-Vereins*, 35 (1929), [Sonderabdruck, ohne Seitenangabe].

Gelber, Yoav, „Hamedini'ut hazionit weheskem haha'avara 1933-1935" [Die Zionistische Linie und das Ha'avara-Abkommen 1933-1935], *Jalkut moreshet* 17 (1973), S. 97-152, 18 (1974), S. 23-100.

Gelber, Yoav, *Moledet chadascha: alijat jehudei merkaz eropa weklitatam 1933-1948* [Neue Heimat: die Einwanderung der mitteleuropäischen Juden und ihre Aufnahme 1933-1948], Jerusalem 1990.

Getter, Miriam, Ha'alija migermania beshanim 1933-1939 [Die deutsche Einwanderung in den Jahren 1933-1939], *Katedra* 12 (1979), S. 125-147.

Gilbert, Martin, *Israel: A History,* London *1998.*

Goethe, Johann Wolfgang von, Iphigenie auf Tauris; Torquato Tasso, in: *Goethe Werke*, Hamburger Ausgabe, Bd. 5: Dramatische Dichtungen III, München 200814.

Gross, Nahum (Hg.), *Kurt Grunwald at eighty: a bibliography*, Faculty of Social Sciences, Hebrew University of Jerusalem, Jerusalem 1981.

Gross, Walter, „The Zionist Student Movement", *Leo Baeck Yearbook*, IV (1959), S. 151-159.

Hackeschmidt, Jörg, „Jüdische Orthodoxie und zionistische Jugendkultur im frühen zwanzigsten Jahrhundert“, in: Andrea Schatz und Christian Wiese [Hg.], Janusfiguren. „Jüdische Heimstätte“, Exil und Nation im deutschen Zionismus, Berlin 2006, S. 81-101.

Halevi, Mosche, Cholem welochem: Poalo shel Reuven Hecht beha'pala uwehazala [Träumer und Kämpfer: Reuven Hechts Mitwirkung bei der illegalen Einwanderung nach Palästina] Jerusalem 2001.

Herzog, Chaim, *The Arab-Israeli wars*, London 1982 und erweiterte Ausg. 2004.

Karsh, Efraim, *The Arab-Israeli Conflict. The Palestine War 1948*, London 2002.

Lichtheim, Richard, *Die Geschichte des deutschen Zionismus*, Jerusalem 1954.

Ledermann, François, *Schweizer Apotheker-Biographie*, Bern 1993.

Leimkugel, Frank, *Wege jüdischer Apotheker. Die Geschichte deutscher und österreich-ungarischer Pharmazeuten*, Frankfurt a.M. 1991.

Leimkugel, Frank, „Der Aufbau pharmazeutischer Industrie in Palästina/Israel“, in: Müller-Jahncke, Carmona-Cornet, Ledermann (Hgg.): *Heidelberger Schriften zur Pharmazie-und Naturwissenschaftsgeschichte*, Beiheft 1 (1995), S.137-143.

Leimkugel, Frank, „Die Universitäts-Klinik-Apotheke der Hadassah-Klinik Jerusalem“, in: *Revue d'Histoire de la Pharmacie* 46, 312 (1996), S. 157-160.

Leimkugel, Frank / Müller-Jahncke, Wolf-Dieter, *Vertriebene Pharmazie: Wissenstransfer durch deutsche und österreich-ungarische Apotheker nach 1933*, Stuttgart 1999.

Leimkugel, Frank, *„Botanischer Zionismus“ – Der Kolonialbotaniker Otto Warburg (1859-1938) und die Institutionalisierung der Biowissenschaften in „Erez Israel“*, Berlin 2005.

Meybohm, Ivonne, *Erziehung zum Zionismus: der Jüdische Wanderbund Blau-Weiss als Versuch einer praktischen Umsetzung des Programms der Jüdischen Renaissance*, Frankfurt a. M. 2009.

Michlin, Amnon, *Ma'ase rokeach: prakim betoldot harokchut be'erez jisrael* [Zur Geschichte der Pharmazie in Erez Israel], Tel Aviv 1999.

Morris, Benny, *1948: A history of the first Arab-Israeli war,* New Haven, Yale Univ. Press 2008.

Mühsam, Paul, *Ich bin ein Mensch gewesen: Lebenserinnerungen*, Berlin (DDR) 1989.

Niederland, Doron, *Hashpa'at harof'im haolim migermania al hitpatchut harefua be'erez jisrael 1933-1948* [Der Einfluß der aus Deutschland eingewanderten Ärzte auf die Entwicklung der Medizin in Erez Israel 1933-1948] Magisterarbeit, Hebr. Univ. Jeruslem, 1982.

Pollack, Fritz W. [Bearb.], *50 Jahre Blau-Weiss*, (Das Jubiläumstreffen des Blau-Weiss), *Naharia 18.-19. Mai 1962*, [Naharia] 1962.

Reinharz, Jehuda (Hg.), *Dokumente zur Geschichte des deutschen Zionismus 1882-1933*, Tübingen 1981.

Segev, Tom: *Die Siebte Million: Der Holocaust und Israels Politik der Erinnerung*, Hamburg 1995.

Sharfman, Glenn R. "Between identities: the German-Jewish youth movement Blau-Weiss, 1912-26", in: Michael Berkowitz, Susan L. Tananbaum, Sam W. Bloom [ed.], *Forging modern Jewish identities: public faces and private struggles*, London 2003, S. 198-228.

Tramer, Hans, „Jüdischer Wanderbund Blau-Weiß. Ein Beitrag zu seiner äußeren Geschichte", in: *Bulletin des Leo Baeck Instituts*, 17 (1962), S. 23-43.

Walberer, Ulrich (Hg.), *10. Mai 1933: Bücherverbrennung in Deutschland und die Folgen*, Frankfurt a. M. 1983.

Wilnai, Zeev, *Ha'enziklopedia lejediat erez jisrael: jam hamelach wechofo hajisraeli* [Enzyklopädie zur Landeskunde von Erez Israel: Das Tote Meer und das israelische Ufer], Mo'aza ezorit Tamar, Tel Aviv 1956.

Yaari, Abraham, *The goodly heritage: memoirs describing the life of the Jewis*h community of Erez Yisrael from the seventeenth to the twentieth centuries; abridged and translated by Israel Schen, Jerusalem 1958 [Hebr. Erstausgabe 1947].

Zimmermann, Moshe / Hotam, Yotam (Hgg.), *Zweimal Heimat. Die Jeckes zwischen Mitteleuropa und Nahost*; aus dem Hebr. u. Engl. von Elisheva Moatti, Frankfurt a. M. 2005.

Ziprkowski, L. / Feinstein, A., *Harefu'a* [Die Medizin], Bd. 65, H. 10 (1963), S. 320-323.

Düsseldorfer Schriften zur Pharmazie- und Naturwissenschaftsgeschichte

Herausgegeben von Priv.-Doz. Dr. Frank Leimkugel

Band 1 Constanze Schäfer: Apotheker und Drogist. Zur Geschichte einer Konkurrenz. 2009.

Band 2 Nomi Eshhar / Nurit Ashkenazi: Von Görlitz nach Jerusalem – Günther Friedländer (1902-1975). Pionier der Pharmazie und Gründer des Pharma-Konzerns TEVA in Jerusalem/Israel. Übersetzt und bearbeitet von Inka Arroyo Antezana. 2012.

www.peterlang.de

FSC
www.fsc.org
MIX
Papier | Fördert
gute Waldnutzung
FSC® C083411

Kolibri 360 GmbH
Ferdinand-Jühlke-Straße 7
99095 Erfurt, Deutschland
produktsicherheit@kolibri360.de